你现在的焦虑不过是对未来的恐惧

王磊荣　许成才◎著

中国纺织出版社

内 容 提 要

现代社会，生存压力越来越大，职场竞争日益激烈，不少人身陷焦虑之中无法自拔。对于未来，一些人觉得迷惘，这其实是不确定的感觉导致的。

每个人的成长都需要漫长的过程，不但要活到老学到老，更要学到老坚持成长到老。本书以心理学知识为基础，剖析人们在生活中焦虑的现象，寻找焦虑的根源，从根本上帮助人们远离焦虑，积极乐观、充满自信地面对生活。

图书在版编目（CIP）数据

你现在的焦虑，不过是对未来的恐惧 / 王磊荣，许成才著.--北京：中国纺织出版社，2018.5

ISBN 978-7-5180-4939-4

Ⅰ.①你…　Ⅱ.①王…　②许…　Ⅲ.①焦虑—心理调节—通俗读物　Ⅳ.①B842.6-49

中国版本图书馆CIP数据核字（2018）第078579号

策划编辑：闫　星　　特约编辑：李　杨　　责任印制：储志伟

中国纺织出版社出版发行

地址：北京市朝阳区百子湾东里A407号楼　邮政编码：100124

销售电话：010—67004422　传真：010—87155801

http：//www.c-textilep.com

E-mail：faxing@c-textilep.com

中国纺织出版社天猫旗舰店

官方微博http：//weibo.com/2119887771

北京通天印刷有限责任公司印刷　各地新华书店经销

2018年5月第1版第1次印刷

开本：710×1000　1/16　印张：13

字数：205千字　定价：36.80元

前言
Preface

现代社会发展日新月异，人们的物质生活水平极大提高，但是欲望也越来越多，很多人都成为欲望的奴隶，活在欲望的驱使之下。这种情况下，人们虽然赚的钱越来越多，但是相比几十年前的计划经济时代，人们却更觉得钱不够用了。实际上，从绝对值上而言，钱是变多了。但是和欲望相比，钱的确更无法满足人们日益增多的欲望了。

日常生活中，大多数人不但要求住上豪华的大房子，还要有豪车，女人要与人比老公和孩子，男人要与人比妻子，就连孩子之间也要比衣食住行，所以焦虑病也就无法逃脱了。在这种情况下，如何才能更好地面对人生，保持平静淡然，不被焦虑困扰，对于每个人都是急需面对和解决的问题。

从本质上而言，人的身体和灵魂是统一的、不可分割的整体。然而一直以来人们都误以为只需要关心身体健康，而无须过分关注心理健康。实际上，这从本质上就错了。人，唯有身心合一，才能健康成长，享受生活，所以我们除了需要保障身体健康外，更要关注心理上的健康和成熟，这样才能保持良好的情绪，避免因为情绪问题陷入焦虑之中。毋庸置疑，现代社会，随着医疗的发展，很多疾病都能够得到有效治疗和控制，然而自杀的人却越来越多。中学生会自杀，生完孩子的母亲会自杀，很多成年的男性也会自杀，甚至还有的大学生选择在即将完成学业步入社会之际自杀，这到底是怎么了？和以前的缺衣少食相比，现代人已经在生活上奔“小康”，实现衣食无忧，那么为何还要结束得来不易的生命？难道生命对于他们而言真的没有任何值得留恋的地方吗？当然不是。他们的心被焦虑困扰，对生活失去信念，才会选择自杀。

人们常说，如果连死都不怕，难道还怕活着吗？遗憾的是，现在越来越多的人都认为死是最容易的事情，活着才要不断地承受痛苦，承担责任和压力。这种情况下，一些人把自杀作为逃避艰难生活的唯一方式，也带给生命不能承受的伤痛。

毋庸置疑，焦虑已经成为现代人最为普遍的一个心理问题。生活的沉重，工作的紧迫，都使人感到心力交瘁。尤其是对于中年人而言，上有老小有小的生活，更让人压力倍增。人是情绪动物，每个人都无法摆脱情绪的影响，既然如此，就让我们学会控制情绪，与焦虑和谐共生。记住，很多时候外界因素并非导致我们苦恼的根本，真正的烦恼在我们的心理，唯有突破心中的囚牢，我们才能畅享人生，也唯有超越自我，摆脱欲望的奴役和驱使，我们的生活才会变得更加美好。本书正是以心理学为基础，以生活中很多常见的现象为事例，把焦虑从无形变得有形，从不可触摸变成生动形象的讲述，让每一个人对焦虑都不再感到困惑，也更加坦然。归根结底，唯有走近焦虑，了解焦虑，我们才能从根本上消除焦虑，拥有幸福快乐、美好从容的人生！

目录

Contents

第 01 章

你在焦虑什么：害怕你的努力配不上你的野心

现实生活中，每个人都会感到焦虑，虽然焦虑的表现形式有很大的相似性，但是焦虑的原因却各有不同。既然这个世界上每个人都是独一无二的，也就注定了每个人都有自身独特的感受和体验，所以人们才会说“家家有本难念的经”，实际上人人也有本难念的经。唯有找到焦虑的根源，帮助自己更好地缓解焦虑的情绪，才能有的放矢，让人生更加轻松从容。

压力，恰恰是人生的动力之一

很多在大城市生活过的人，都有过相似的感触，即大城市的车流实在太快了，大城市的人流也实在太密集了。与农村或者三四线城市悠然自得的生活节奏相比，大城市的一切都如同拧紧了发条，片刻也不能停息。有的人能够适应大城市的生活节奏，也能够承受巨大的工作压力，就在大城市留了下来，努力挣扎着生存。有的人不能适应大城市的生活节奏，也无法承受巨大的工作压力，因而选择回到家乡的小县城或者小市区生活，甚至也有些人选择回到农村或者偏僻的山村，安然度过闲适的一生。然而，随着社会的发展，在哪里生活实际上都不会那么轻松，所谓的轻松只是相对而言的。压力对于每个人而言都如影随形，除非我们遁逃到生命之外，否则压力将会伴随着我们一生，永不消逝。

现代社会，很多年轻人都抱怨压力太大，甚至想尽办法逃避压力。诸如有些大学生本科毕业后，因为不想面对残酷的现实，不愿承受工作的压力，所以决定考研或者继续出国深造。然而，这都需要经济上的支撑，要根据家庭情况作出符合实际的选择。还有的大学生为了逃避工作，大学一毕业就留在家里懵懂度日，根本不知道“一寸光阴一寸金”的道理。毋庸置疑，生活的确给了我们巨大的压力，但是生活对于任何人都是平等的，每个人都有自己的压力和烦恼，弱者被压力压得喘不过气来，最终选择逃离，强者勇敢面对压力，淬炼自己，从而让自己得到更好的前途和未来。

作为一名“80后”，马伟自从本科毕业后，就进入上海一家知名软件公司工作，从最基础的编程工作开始做起。众所周知，电脑行业的程序员就是高档的民工，做的工作枯燥乏味不说，还经常需要加班加点，熬夜赶工更是家常便饭。作为独生子的马伟，哪里吃过这样的苦，原本就对工作怨声载道，在因为程序编写出错之后，又被领导狠狠地批评一顿，还要被扣掉当月的奖金。思来想去，马伟无论如何也咽不下这口气，因而想要辞职。

得知马伟的决定后，和他一起进入公司的大学同学刘谦说：“忍一忍吧，你看公司里的那些软件研发工程师牛吧，他们之中很多人也是从小小的程序员做起的。现在找工作很难，你还记得咱们大学毕业后足足奔波了三个月才找到工作吗？最重要的是，即便顺利找到新工作，新的公司也未必就没有压力。你看看现在那些私营企业，哪个员工不是当牛做马，有的时候还要受气呢？我觉得逃避不是办法，咱们要抓住各种机会提升自我，让自己的水平变得更高，这才是真正的解决之道。”可惜，刘谦的话马伟根本没有听进去，他勉强继续工作了半个月，就选择了跳槽。刘谦呢，正如他自己所说的，努力提升自我，兢兢业业，努力把工作做得尽善尽美，自然也就不会经常被批评了。如此三年之后，刘谦已经成为公司软件开发部门的工程师和负责人，一个偶然的机会，他遇到马伟，询问起马伟的现状，才知道马伟这三年来一直在频繁地跳槽，稍微有点儿不顺心就换工作，结果到现在还是小小的程序员，在工作上毫无长进。

马伟所面对的窘境，在现代社会并非个例，而是普遍的现象。如今很多年轻人都在职场上深感困惑，尤其是那些刚刚毕业的大学生，更是因为自视甚高，导致眼高手低，好高骛远。实际上，现代职场并不缺少高学历的人才，而缺少能够脚踏实地干好本职工作的人才。所谓勤能补拙，笨鸟先飞，唯有勤奋努力，才能最大限度打开人生的无限可能。

近几十年来，整个中国都处于突飞猛进的发展之中。每一个人，不管处于何种社会地位和角色，都必然承受一定的压力。面对压力，最好的方法不是抗拒，而是坦然接受压力，这样才能与压力共生，也才有可能把压力转化为巨大的动力。要想缓解压力，消化压力，最重要的就在于自我管理。就像有的物体很坚韧，有的物体很脆弱一样，人承受压力的能力也是完全不同的。然而，社会并不会因为一个人心理脆弱，就特别偏袒这个人，让他生活得一帆风顺。相反，社会对待每个人都很公平，尤其在职场上，不管你学历是高还是低，也不管你年纪是大还是小，只要你是职场的一员，就要和其他同事一样把事情做到最好。因而，我们要有意识地培养自己承受压力的能力，唯有如此，我们才能与压力和谐相处。从心理学的角度而言，压力更是一种不能避免的应激反应，要想让压力对人的成长和发展有利，我们还要具备对压力的反弹能力，具体而言，就是在面对人生的坎坷和逆境时，具有强大的适应能力，让自己始终保持积极上进。唯有具备对压力的反弹能力，我们才能把压力转化为动力，也才能实现压力与反弹的完美结合。任何时候都不要逃避人生，唯有勇敢直面人生，我们的心理才会越来越成熟，我们的人生也才会越走越远，最终到达理想的目的地。

不要活在别人的眼光里

现实生活中，很多人都特别喜欢和他人进行比较，诸如比较孩子、丈夫和妻子，比较房子、车子和票子。当这样的比较充斥着我们的生活时，我们必然变得焦灼不安，甚至因为比较对象的突出，我们还会陷入深深的自卑之中，觉得自惭形秽。这就是由比较对象决定的。就像孩子上学一样，父母总是把孩子和班级第一名进行比较，久而久之，孩子一定会觉得非常苦恼，甚至完全否定与放弃自己，不再徒劳地努力。而如果把孩子与班级里的倒数第一名进行比较，孩子又会沾沾自喜，总觉得自己还没有沦落到悲惨的地步，甚至因此而骄傲，也不再努力。实际上，父母不应该把孩子和任何人进行比较。为了督促孩子进步，最好的办法就是让孩子和曾经的自己或者昨天的自己比较。毕竟每个人都是世界上独一无二的，任何时候我们都不可能面面俱到。唯有与自己比较，看看自己比之前有无进步，才是最合理的比较方式。

心理学家证实，心态的平衡对于人有特别重要的意义。一个心态平和的人更能平心静气地分析自己的优点与缺点，对自己进行客观中肯的评价；反之，一个心态焦灼不安的人很容易陷入极端的情绪之中，变得歇斯底里，无法控制自己。不得不说，每个人的人生都是只属于自己的一段经历、感受和体验，好与不好，都属于自己。而现在大多数人之所以感到躁动不安，就是因为他们太在乎别人的眼光，太急于得到别人的肯定。我们的人生不是为他人而活的，不能想明白这个道理的人，哪怕别人一句无心的话，都会使他们郁郁寡欢，而想明白这个道理的人，哪怕被他人误解或者委屈，也不会放在心上。因为他们最在乎的是自己的感受，而不是别人异样的眼光，或者肆意的评判。不活在别人的眼光里，我们才能找寻到属于自己的人生轨迹，才能更加自我地活着。最大的成功不是获得多么伟大的成就，而是活出了真实的自我。

作为一家公司的文秘，原本就性格稳重的玛丽，在长期的工作过程中，变得更加谨慎小心，说话也轻声细语的。因而，很多同事都喜欢玛丽。然而，他们不知道的是，玛丽有着严重的心理障碍，这一切都是因为艾米的存在。

原来，玛丽和艾米是一对好朋友，她们在大学毕业之后，一起来到现在的公司工作。原本，她们的起点是完全相同的，但是艾米非常善于人际交往，很快就和同事们打得火热，而且还得到了领导的认可和赏识。每次，哪怕同为文员的玛丽和艾米把工作完成得一样出色，领导也肯定是表扬艾米，或者对玛丽视而不见，或者故意抬高艾米，赞赏艾米的表现。日久天长，艾米不但升职加薪，而且在玛丽面前越来越趾高气昂。尤其是有个上司，每次表扬艾米的时候，都会带上一句："玛丽，你可要加油啊！看看吧，艾米是和你一起进入公司的，但是艾米的进步可比你快多了。"刚开始时，玛丽对于上司这样的话还没有放在心上，直到有一次一个同事说："玛丽，你可真是好涵养啊，每次上司都用你当绿叶，衬托艾米的优秀，你却不急也不恼，依然这样不愠不火的。要是我啊，一定要问问上司，艾米也没有那么优秀，为何总是要贬低我呢！"同事的话如同石子一样，在玛丽的心中激起了阵阵涟漪。玛丽越来越郁闷，意识到自己在同事心里只是一片小小的绿叶，作用就是衬托艾米的出色，她恨不得马上消失。在消极思想的影响下，原本对待工作兢兢业业的玛丽，变得三心二意，对工作也不那么上心了。日久天长，上司对玛丽更不满意了，而玛丽又不愿意失去这份得来不易的工作，因而感到非常痛苦。

从心理学的角度而言，每个人都是具有社会属性的，每个人也都是社会生活的一员。在考量社会性事务时，人们往往会选择一个参照物，来评价和衡量自己的言行举止和所作所为。如果选错了对象，总是和比自己优秀太多的人比较，就会渐渐失去自信，总是被自卑纠缠。如果选对了对象，在比较的过程中能够认可自我，也有助于客观评价自我，那么这样的比较就是积极的。最好的办法就是和自己比较，让自己每天都有进步，每天都更加充实，每天都过得更有意义，如此坚持下去，人生才会变得更充实和有价值。

心理学家告诉我们，他人的评价和社会的比较，是人们建立自尊的重要途径。每个人在成长的过程中，都要从最初的一张白纸，到后来的丰富绚烂，经历漫长的过程和体验。很多不够自信的人，总是不相信自己能行，觉得命运完全被未知的力量掌握。为此，他们在人生中诚惶诚恐，经常陷入焦虑。而有自信且自尊心比较强的人，总是比较平静，对待人生从容淡定。所以对于个人而言，首先要建立自我认同，具有充分的自信，而不要一味地活在他人的眼光里，让流言蜚语左右自己的人生。

事例中的玛丽原本对工作很满意，也能够脚踏实地、兢兢业业地工作。正是因为艾米的存在，尤其是上司对艾米的偏爱，使得玛丽心理失衡，最终对工作失去热情。要想改变这种情况，我们必须客观评价自己，认识到自身存在的问题，要学会清醒地自我认识，从而坚持做最真实自然的自己。切记不要一味逃避，对于任何问题而言，逃避不是最好的解决办法，勇敢面对才能迈出解决问题的第一步。

做自己，才是真正成功的自己

20世纪以来，人们对于心理问题的关注程度越来越高，心理学也得到了长足的发展。尤其是对于孩子的研究发现，原生家庭的影响甚至会伴随孩子的一生。这对于心理学的发展和研究而言，是具有跨时代意义的一步，心理学家们从此之后更加关注研究“本体”，而不是一味地纠缠于客观存在的外界情况和条件。曾经，心理治疗因为脱离本体，导致忽视人们的情绪、情感和各种感受，使得治疗陷入困境，无法进展下去。无数的事实告诉我们，唯有关注本体，我们才能从本质上认清人们痛苦的根源，解决问题时也才能有的放矢。

曾经，人们以为痛苦来自于各种不那么使人愉快的体验，后来才发现，痛苦实际上源于人们在认知上的障碍和局限。换言之，我们正是因为对自身毫不知情，所以才会陷入无边的痛苦和无尽的黑暗之中。另外，人不但是生理意义上的人，更具有社会的身份。由于过多地关注自身的社会属性，也导致人们更加疏离自己的内心。我们在忙碌的生活中，与本心和初心渐行渐远，甚至完全背离了人生的方向，也忽略了生存的意义。这样的迷失，导致人类变得痛苦空虚，最终不管是在身体上、生理上还有精神上，都出现严重的困扰，甚至障碍。然而，认识到本体在心理学问题中的重要作用和不可取代的地位，我们会发现一切心理问题的源头都是我们自身。任何情况下，只要我们活着，就具有价值，而唯有实现自我的价值，不再因为外界的客观环境而禁锢自己的人生，我们才能活出真我，拥有自己的本色。所以说，最成功的人生未必是创造了多么伟大的成就，而是能够活出真实的自我，成就与众不同的自己。

刘倩和丈夫黄超是大学同学。在大学校园里，他们就开始了浪漫的爱情，是所有人眼中最青梅竹马、郎才女貌的一对。原本，刘倩的专业很好，毕业后可以找到一份很好的工作，但是沉迷于爱情的他们，在双方父母的祝福和支持下，走入了婚姻的殿堂。结婚没多久，刘倩就怀孕了，只好彻底打消工作的念头，先孕育孩子。就这样，刘倩和黄超的婚姻格局基本成型，刘倩当全职太太，一边照顾孩子，一边照顾丈夫。黄超则负责在外面打拼事业，养家糊口。

渐渐地，刘倩觉得越来越累。原本，她觉得给孩子喂奶、洗尿布是最辛苦的，但是等到孩子一岁之后，她觉得孩子学走路的阶段是最累的。她万万没想到，最让她崩溃的日子还在后面，孩子自从两岁半上了幼儿园，更是经常生病，她只能一个人坚强地带着孩子去医院。她至今还清楚地记得孩子第一次输液的时候，孩子哭，她也哭。这一切，在外工作的黄超根本不知道。黄超工作也很辛苦，毕竟在高消费的大城市，以一个人的薪水养活一家三口，并不容易。为此，刘倩每天还要给黄超准备可口的饭菜，看到黄超精疲力尽地回到家里，她心疼不已。转眼之间，五年过去了，孩子已经进入幼儿园中班，黄超在事业上也小有成就。原本刘倩应该觉得轻松才对，但是她却总觉得心上像是压了一块大石头，偶尔还会觉得喘不过来气。直到有一天，刘倩遇到在大学里最好的朋友思彤，思彤惊讶地看着刘倩："亲爱的，你怎么这么憔悴啊！"刘倩才恍然大悟："原来，自己这么多年来活得太累了。"刘倩和思彤彼此讲述毕业后的生活，当听说刘倩如今在家里相夫教子，思彤连声感慨："可惜，可惜，真是太可惜了！刘倩，你可知道你是我们班的才女啊，像我这样的差生都能把工作做得这么好，我觉得你赶紧复出吧，要记住，男人不可靠，唯有自己才靠得住。"思彤的话使刘倩陷入沉思，刘倩意识到自己已经迷失了自我，也意识到既然孩子长大了，就不能继续当全职太太。当然，她也害怕自己从毕业后就在家当全职太太，如今又有家庭的拖累，根本无法适应工作的需要。但是转念一想，她才三十岁，正值青春的大好年华，不能把每一天都用于等待黄超回家。打定主意后，刘倩马上去专业的形象设计中心，让设计师为自己打造职业形象，又为自己制作了精美的简历。做完这一切，她突然觉得阳光明媚起来，也觉得自己的人生充满了希望。

从大学毕业后就开始当全职太太的刘倩，不但遗忘了专业知识，也渐渐迷失了自己。遇到大学同学思彤，她才猛然意识到自己的人生不能再这样继续下去，也才能打定主意改变现状，拥有充实的生活。

人是很容易产生身份焦虑的，实际上哪怕思彤不出现，刘倩的焦灼不安也告诉我们，她对于自己的身份产生了焦虑，她不知道自己的价值何在，更不知道自己应该如何面对未来的人生。有些时候，事情就是那么巧合，刘倩恰恰在这个时候遇到了大学同学，两相比较之下，她当然知道自己的黄脸婆形象与思彤精彩昂扬的人生相差在哪里。人生是非常艰难的，生活和工作的压力更是常常压得我们喘不过气来，甚至让我们无法喘息。即便生活再怎么忙碌，也不要忘记抽出时间来与自己的心进行交流，更加了解自己心之所向，也更加坚定不移地走好属于自己的人生之路。对于很多女性朋友而言，也许换个发型、买件新衣服，都是很好的唤醒自我的方式。对于很多男性朋友而言，一次兜风或者远足，也能够让生命绽放异样的光彩。我们必须客观评价自己，准确定位自己，才能最大限度地发掘自身的潜力，让自己拥有精彩的、与众不同的人生。

失败不可怕，可怕的是不能正视失败

这个世界上，没有十全十美的人，也没有绝对完美的人生。每个人在漫长的人生旅途中，都会遭遇各种各样的坎坷和挫折，还会被失败磨砺。然而，真正的强者敢于直面失败的人生，他们知道封于泥泞是人生的常态，而顺心如意的人生根本不存在。相比之下，弱者则往往因为失败而一蹶不振，他们惧怕失败，不敢面对失败，甚至为了逃避失败而绝不付出任何努力，更不进行任何尝试。和失败相比，最可怕的是自我禁锢，甚至是完全放弃努力。因为自我禁锢、什么事情也不做，固然不会失败，却也同时失去了成功的机会。

明智的人会把一次次失败当成人生进步的阶梯，抑或者是一次次凤凰涅槃的重生。人们常说种瓜得瓜，种豆得豆，唯有付出才能有所收获，遗憾的是很多时候哪怕付出了，也未必能够得到想要的收获。诸如有人坚持不懈地努力，目的就是获得成功，但是他们偏偏被命运捉弄，与失败结缘，无论如何也摆脱不了失败的怪圈。在这种情况下怨天尤人，或者沮丧绝望，都是完全无用的。唯有勇敢面对失败，从失败中获得更多的经验，吸取宝贵的教训，才能踩在失败的阶梯上不断向上，获得进步。所以说，失败不可怕，可怕的是不能正视失败。

很多人面对失败的时候悲观绝望，这不但会消磨人们的斗志，而且会使人们的心情和情绪都受到一定的影响。现代社会提倡正能量，不得不说失败带给人们的都是负面的能量。因而面对失败，我们要更加积极主动，竭尽全力把失败引发的压力转化为人生中源源不竭的动力，把失败的惨痛教训转化为人生中的宝贵经验。唯有应付好失败的压力，保持心理上的平衡，失败才能成为成功之母，带领我们走向成功。

很久以前，有个年轻人被心爱的女孩抛弃了，无法忍受失恋的沉痛打击，变得意志消沉，甚至想要结束自己的生命。有一天，形只影单的他想起曾经与女孩的幸福甜蜜，原本犹豫不决的心一下子坚定起来，他打定主意要自杀。在自杀之前，他要与自己最好的朋友告别，因而就打电话给朋友，诉说了自己的近况。朋友听到他的口中说出“自杀”二字，不由得胆战心惊，却因为路途遥远，一时之间又没有办法阻止他。因而，朋友只好问：“你想以什么样的方式结束生命呢？”年轻人回答：“我想吃安眠药，这种方式没有那么痛苦。”朋友说：“但是这种方法的成功率很低，如果你在真正离开人世之前被人发现，你就得被送到医院去洗胃，那可真是求死不得啊。”听到朋友的话，年轻人有些犹豫了。朋友又问：“你真的想好要死了吗？”年轻人点点头，说：“是的，一个人活着太痛苦了，生命对我而言毫无意义。”朋友说：“既然如此，我给你提供一种轰轰烈烈的死法吧，比你这样不明不白地死去更好。你知道有个地方地震了吗？我觉得你可以当志愿者去抗震救灾，这样哪怕你死了，也会成为英雄，得到人们的追思。”年轻人觉得朋友的话很有道理，当即背起行囊赶赴灾区。

到了灾区，年轻人抱着必死的信念，对于任何艰难的工作都不推卸，而是冲锋在前。他连续十几个小时不吃不喝，也没有休息，简直累得精疲力尽。很多人都劝年轻人好好休息一下，吃点东西补充体力，年轻人都拒绝了。终于到了晚上，年轻人两眼一黑，一头栽倒在地。也不知道睡了多久，他才睁开眼睛，看到洁白的床单和身边的鲜花，他才知道自己已经被送到医院。很多记者都闻讯赶来采访舍身忘我的年轻人，年轻人嗫嚅着说："其实，我只是想自杀……"大家都笑了起来，在他们的心目中，年轻人是不折不扣的大英雄，哪里有人会以抗震救灾的方式自杀呢。后来，年轻人再也没有想过自杀，而是积极乐观地面对人生的一切挫折和磨难，而且始终对生活满怀热情，积极以对。之后，他生活得非常好。

在这个事例中，年轻人最初不能面对爱情的失败，因而想要以自杀的方式逃避现实。朋友情急之下，建议他去地震中心抗震救灾，使他意识到生命的可贵。最终，他虽然因为疲劳过度而昏过去，却在心中燃起了对生命的渴望。他再也不是那个想要自杀的懦夫了，他成了真正的英雄。

人生在世，没有人能够一帆风顺，大多数人都会遭遇生命中各种各样的挫折和不如意，逃避显然不是一个好办法，甚至还有可能使事情变得更糟。因而真正的强者，能够把人生的不快埋藏在心里，设法去解决，然后又把人生的快乐无限放大，从而激励自己继续满怀激情和热忱地生活。记住，任何时候，失败都是人生正常的产物，是人生中理所当然的存在。面对失败，我们完全无须大惊小怪或者彻底绝望，唯有更加积极乐观，从失败中汲取养分和经验，才能离成功越来越近。

我真的比不上任何人吗

生活中，从来不乏自高自大的人，他们好高骛远，自我感觉良好，甚至觉得宇宙的中心就是自己，因而对于自己的评价总是过高。当一个人对于自己的评价超过自身的能力水平，他将会面临尴尬的窘境，因为他也许会被残酷的事实击中，不得不当着很多人的面承认自己并没有想象中那么优秀。

和这种自以为是的人相比，还有些人则总是妄自菲薄，始终觉得自己不够优秀，不管在哪个方面都比不上别人，因而产生强烈的自卑心理，缺乏自信，也不愿勇敢地面对未来。这样的人生显而易见是受拘束的人生，自信心的缺失更导致人们失去很多千载难逢的好机会。

很多时候，那些自卑的人之所以觉得自己不如别人，不管做什么事都过于在意他人的眼光和评价，甚至因此变得畏手畏尾，实际上并非因为他们把自己看得太低，而是因为他们过于以自我为中心。举个最简单的例子，有个女孩每天一看到同事们聚集在一起说话，就觉得同事们是在议论自己，而实际上同事们只是在说当日的天气，又刚好在她走进来的时候发出笑声而已。对于极度敏感自卑的女孩而言，这很有可能引起她的惶恐不安，甚至觉得每个人都在笑话她。殊不知，别人并没有那么多的时间和精力关注她、议论她。她和别人之间的关系，并没有她想象中那么亲密。这样的恶意揣测，不管是发生在亲人之间、朋友之间还是爱人之间、同事之间，都不是让人愉快的事情，甚至会引发很多的误解，导致人际关系恶化。因而我们要想摆脱自我贬低的焦虑症状，就要意识到自己并非宇宙的中心，也并非每时每刻都得到他人的关注，而只要知道做最真实的自己，不管别人说什么，都是坦然从容的。

从心理学的角度而言，很多人都有轻重不同的自我贬低心理。心理学家认为，一个人在面对自己无法解决的难题时，就会表现出自己的无奈和绝望，这时候这个人的感受就是无可奈何，也非常自卑。拥有自卑心理的人，很难在难题面前表现出自信，更不会一往无前地解决问题，而会退却，也会彷徨犹豫。很多人不但在事情发生的当时表现出自我贬低，而且在事情发生之后，依然会对自己的做法、看法以及发言等，表现出不确定的状态。例如，明明事情已经过去了，这个人却还是质疑自己：我刚才做得好吗？我说话的语气是不是太生硬了？这件事情我原本可以做得更好。这些诸如此类的想法，都是人们自我贬低、缺乏自信的表现，在生活和工作中要有意识地避免。

静静从小就生活在一个不那么幸福和谐的家庭，她的爸爸是个酒鬼，酗酒非常严重，几乎每个月都有半个月的时间里，是在醉意沉重中度过。小时候，静静只是害怕爸爸喝醉酒，但是随着年龄的增长，看到其他女孩的爸爸都那么清醒，总是能够为孩子遮风挡雨，而自己的爸爸却始终处于宿醉的状态，静静变得越来越自卑。

初中的时候，有一次，班主任老师安排静静带着其他几个同学出板报，所以下午放学就没法回家了，因为出完板报就要接着上晚自习。为此，爸爸特意给静静送来一个肉丝卷饼。但是，看到爸爸有些微醉的样子，静静觉得很丢脸，根本不想吃那个饼。尤其是爸爸送来卷饼之后并没有马上离开，而是继续逗留在教室里，帮静静的一位同学修理坏了的椅子。静静恨不得爸爸马上离开，她非常害怕同学们看出她的爸爸是个酒鬼，为此她对爸爸恶言恶语的。后来，有两个同学站在教室的门口说笑，静静以为他们是在说自己的爸爸，不由得更加着急催促爸爸赶紧离开。爸爸加快速度修理好同学的椅子，直到爸爸走了，静静才如释重负。同学问静静："静静，你爸爸挺好的呀，很和善。"静静点点头，根本不敢接同学的话茬。这样的生活久了，静静越来越自卑，虽然她品学兼优，却缺乏自信，还总是自我贬低。这一点影响了静静未来的生活，后来静静大学毕业，在处理个人的感情问题时，也总是自视甚低，根本不敢与那些非常优秀的男生交往。而且，她在工作中表现很好，但是与同事相处却很失败，因为每当同事们小声说些什么时，她就马上神经过敏，总觉得对方是在说自己的坏话。最终，静静不得不换了一家公司工作，才能保持正常的工作状态。

原生家庭对于孩子的成长影响深远，如今很多心理学家经过研究发现，很多成年人的表现要追溯到童年时期的生活。所以父母在抚养孩子成长的时候，除了要照顾孩子们的身体发育外，更要多多关注孩子们的心灵健康。唯有给予孩子们幸福和谐的家庭，孩子们在长大成人之后才能拥有健全的心理。

不管我们出生在怎样的家庭，也不管我们的人生遭遇了多少坎坷和磨难，我们都要坚持自我，绝不轻易放弃自己。这个世界上没有从天而降的馅饼，更没有一蹴而就的成功，每个人要想把握人生，就要变得强大起来。这样的强大，不但包括身强上的体壮，更包括精神上的坚不可摧。

第 02 章

安全感是自己给的：打破焦虑的最好方法是强大自己

在寻找人生伴侣时，如果你问女性朋友最想从理想的男性身上得到什么，她们的回答除了财富、权势、相貌和责任心外，一定都少不了一点，那就是安全感。其实，安全感涵盖的范围非常广，诸如有的女性有钱就有安全感；有的女性是爱情至上主义者，有爱情就有安全感；还有的女性喜欢安稳的生活，觉得有房、有车、有稳定的收入，就有安全感。如此看来，女性朋友们对于安全感的理解和人们对于成功的理解一样见仁智者见智。实际上，安全感并不能从外界获得，一个人要想获得安全感，最好的方法就是让自己变得强大起来，成为人生的主宰。

每个人都会感到焦虑不安

曾经有心理学家说，每个人的内心都像是一台正在放映的电视机，随时随地都在呈现出不同的画面，而且这些画面的画外音完全不同，有的声调平和宁静，有的如同疯狂的摇滚乐。当然，这些声音和画面并非完全不可控，大多数情况下我们是声音和画面的主宰，决定了这一切的呈现。不可否认，心理学家的描述非常精确到位，也很生动传神，然而我们的心理活动更加复杂微妙，每个人都是这个世界上独一无二的个体，也是这个世界上绝不雷同的小宇宙。

人人都有不安全感，有的人不安全感来自于外界，有的人不安全感来自于自己的内心，归根结底，不安全感还是人们内心的感受，常常使人感到紧张局促、焦虑烦躁，带给人不那么愉快甚至是痛苦的感受。通常情况下，人们习惯于从外界或者他人身上寻找安全感，殊不知，正如人们常说的，最可靠的只有自己。安全感也是如此，唯有自己给予自己的安全感，才是最长久可靠的；否则，从他人身上得到安全感，我们会变得非常被动。一旦他人改变心意，我们就会彻底失去安全感，也随之失去对生活的信心和希望。

人总是会情不自禁地想起很多让自己不安的事情，甚至为了绝少有可能发生的事情担忧不已。哪怕理智上知道这些担忧和恐惧无须存在，但是感情上却无法控制自己，不得不说，这是一种心理障碍的表现。诸如当女儿比平日里回家的时间晚了很多，而且无法取得联系时，父母就会胡思乱想，甚至想到女儿已经遭遇不测。在这种情绪下，父母很难静下心来冷静思考，只会陷入不安之中，觉得片刻的等待都难以继续下去。从这个角度而言，不安全感也来自于过度焦虑，或者是普遍存在的焦虑感。然而一般情况下，焦虑并非无缘无故地产生，而是针对某件具体的反常的事情。比起焦虑，不安全感出现的频率更高、时间更长，甚至会变成一种习惯性的心理状态。缺乏安全感的人，既缺乏自信，也对他人缺乏信任，他们非常多疑，并且思想和行为上也渐渐会有所改变。诸如有些人在外出之后，总会怀疑自己没有锁好家门，没有关好水电，或者没有检查门窗。实际上，他们早就已经把这一切都做好了，而只是因为内心的不安，才陷入焦虑之中，更不相信自己已经把一切做到完美。

如果你意识到自己有很多不安的表现，那么就要加强信心，告诉自己一切事情都很好，根本不值得焦虑。除此之外，为了提升自我的安全感，我们还要不断完善和强大自己，让自己相信一些事情都没有想象中那么糟糕，而且担忧的很多事情根本不会发生。尤其是当我们过度依赖某个人的时候，更要有意识地培养自己独立生存的能力，这样才能在独处的时候也具有安全感。

你的担忧，十有八九不会发生

生活中，有很多人每时每刻都处于焦虑之中，并非因为他们的生活面对很多危机，而是因为他们缺乏安全感，会为那些未必会发生的事情担忧，也就是我们常说的杞人忧天。毋庸置疑，未雨绸缪是好的，可以让我们在事情发生之前有更多的时间进行充分的思考，从而想出对策，不至于事到临头手忙脚乱。然而，过度思虑周全，导致杞人忧天，就超过了思考的限度，无形中给我们的心理增加了很多负担。曾经有心理学家专门进行了一项实验，即让人们把自己担忧的事情写在一张纸上，然后去正常地生活，等到一段时间之后，再让那些人回过头来看自己曾经写下的担忧大多数人都发现自己担忧的事情根本没有发生，甚至没有给自己的生活造成任何困扰。这很有力地证明了一个事实，即我们的担忧十有八九不会发生，我们的担忧，大多数情况下都是杞人忧天。

著名的成功学大师卡耐基小时候和母亲一起在农场里采摘樱桃，他突然就哭了起来，在母亲的询问下，他才说出自己哭泣的原因。原来，他很担心自己会被活埋。母亲当然觉得卡耐基哭泣的原因非常可笑，因为他在为一件毫无可能发生的事情担忧。但是在小小的卡耐基的心里，却被这个还没有发生的问题困扰，甚至充满忧虑。很多孩子都会经历这样的人生阶段，那是在他们对这个世界有些了解又不全了解的情况下，所以他们会因为未知而感到恐惧和担忧。当我们成年之后再回忆小时候的生活，会发现曾经年幼的自己非常幼稚可笑，诸如有的孩子会因为其他孩子的一句恐吓，吓得不敢去上学；有的孩子会因为父母的一句无心话，担心自己有朝一日被抛弃……在成人看来这些事情都是玩笑话，但是这一切都会在孩子稚嫩的心中留下深深的恐惧。所以作为父母，千万不要随意恐吓孩子，当然我们自身，也要认识到很多担忧都是无中生有，自寻烦恼。所谓兵来将挡，水来土掩，我们唯有更好地专注于当下的生活，才能过好人生的每一刻，不至于为那些还没有发生的事情浪费宝贵的时间和精力，甚至给自己的生活造成严重的困扰。

作为一位全职太太，薇薇安显然把所有的时间和精力都用于抚养孩子，在孩子身上倾注了太多的心力。正因为她的生活中只有孩子，所以她几乎每时每刻都在关注孩子，而渐渐忽略了与外界的联系。有段时间，薇薇安得知流行手足口病，马上变得神经兮兮，她不止一次失眠，只为了想清楚如果自己的孩子得了手足口病怎么办。尤其是在听说手足口病能够致死之后，她更是夜不能寐。

看到薇薇安紧张的样子，她的丈夫刘维安慰她："亲爱的，不要这么担心，毕竟手足口病只是小概率事件，而且致死率也特别低。只要我们在手足口病高发时期注意不要带孩子到幼儿集中的地方，情况就不会那么糟糕。退一万步而言，哪怕孩子患了手足口病，只要及时医治，不耽误治疗，完全是可以康复的。"薇薇安有些抓狂："手足口病是会致死的呀！"刘维依然很平静："是的，感冒也致死，但是我们每年都感冒几次，却完好无损。你要相信现代医疗，也要相信你对孩子的照顾。"虽然刘维竭尽所能地安慰薇薇安，但是薇薇安依然很焦躁。

直到两个月之后，手足口病高发期过去，薇薇安才渐渐放下心来。然而，秋季腹泻又来了，薇薇安还是无法从容地养育孩子，刘维也很担心薇薇安紧张的情绪状态会影响她的身体健康，甚至传染给孩子，让孩子也变得惊恐不安。

在这个事例中，薇薇安的反应显然有些过激了。对于年纪小的孩子而言，生病完全是正常现象，因为没有任何孩子可以生活在真空环境中，而孩子生病往往能够提高他们的免疫力，使他们更加茁壮成长。相比薇薇安，丈夫刘维说得很对，现代医学如此发达，只要讲究卫生，适度控制孩子不到人多的地方活动，就能够保证安全。哪怕真的患病，先进的医学条件也能够有效缓解症状，治愈疾病。与其担心这些未必会发生的事情，不如养精蓄锐，照顾好自己和孩子的身体，增强身体的抵抗力，这是更为有效和实用的。

为了帮助他人或者自己打消莫须有的担忧，我们还可以求助于科学，以实实在在的事例说服自己或者他人不要再担忧、焦虑。那些符合科学规律、具有事实依据的事例，比我们想象出来的担忧更有说服力，也能够帮助我们找回安然幸福的人生。

努力的人，才会得到生活的善待

命运很多时候都特别奇怪，我们那里已经努力拼搏，不遗余力地付出了，但是没有得到想要的结果。人们常说的种瓜得瓜、种豆得豆也并非绝对的真理，偶尔种瓜未必会得瓜，种豆也未必会得豆，甚至付出也不一定会得到预期的回报。因此，有些人就选择了放弃，因为一次努力没有收获，他们就再也不愿意无怨无悔地付出。但是有些坚韧不拔的人，却能够坚持努力付出，把自己该做的事情做到极致。所以我们想做的不是退缩，而是一往无前，把一切做到更好。前段时间网络上流行一句话，叫作你只管努力，命运自有安排。所以人生中真正的强者，总是能够坚定不移地走好自己的人生之路，不忘初心，方得始终。

现实生活中，我们几乎每天都在见证着别人身上的奇迹，在羡慕他人的同时，我们也忍不住抱怨命运，为何没有给我们更好的机会，让我们实现和成全自己。然而，我们不知道的是，我们只看到了别人创造“奇迹”的那一刻，却没有看到别人在创造奇迹的过程中付出的一切艰辛和努力。奇迹和成功一样从来不会从天而降，实际上所谓的“奇迹”，只不过是他人在长久的努力之后，姗姗来迟的回报。因而奇迹永远只属于那些用心和努力的人。总是白日做梦，等着天上掉馅饼的人，永远不会得到奇迹的青睐。

大学毕业后，莉莉原本准备考研，继续攻读研究生，然而命运有的时候就爱捉弄人，莉莉考研落榜了。为了维持生计，她在朋友的推荐下进入一家图书公司，从最小的小编辑做起。然而，莉莉是个很内向的姑娘，和同一批新进入公司的编辑相比，她的文采毫不出众，最关键的是她也不太懂得人情世故，不擅长与同事打交道。就这样，几个月下来，莉莉在公司里显得毫不出色，而那些新同事却因为有了杰出的表现，经常得到主编的表扬。

渐渐地，主编越来越不喜欢莉莉，对莉莉说话也冷嘲热讽起来。有段时间，主编甚至在开会的时候公然讽刺莉莉："来，接下来让莉莉发言，看看莉莉是怎么把一个生动有趣的故事，讲成催眠曲的。"同事们哄然大笑起来，莉莉却对此不以为然，一如既往地拿起稿子开始发言。对于同事的藐视和领导的轻视，莉莉始终在默默地努力着。介绍莉莉进入公司的朋友，不止一次地安慰莉莉不要有那么大的压力，毕竟莉莉只是工作不到一年的时间，就又要加入考研大军。莉莉却说："我原本悟性就不好，现在更要非常努力。虽然这只是我人生中第一份工作，但是我相信只要我勤奋努力，多多积累，就可以弥补不足。"

每个休息的日子，莉莉都泡在图书馆里阅读各种书，偶尔遇到精彩的片段，她还会记在随身的笔记上，以供平日里细细品味。功夫不负有心人，在工作半年后，莉莉终于写出了有生以来最精彩的一篇文章，就连领导都对她刮目相看。

换作别人，也许对于人生之中的这份工作，就漫不经心、敷衍了事地度过了。毕竟还要考研，而工作只是暂时的过度。但是认真的莉莉并没有因此降低对自己的要求，她虽然在文字方面没有特殊的天赋，但是她很努力，很勤奋，最终以勤补拙，写出了优秀的文章。

任何时候，生活都不会亏待那些真正努力的人。有时，我们虽然付出了很多而没有得到预期的回报，并非因为我们不够好，也不是我们努力得还不够，只是没有到奇迹降临的契机而已。所以说，无数次的失败之后，也许我们距离成功只有一步之遥，只要我们坚持下去继续努力，成功就在不远处向我们招手。

不要再因为自己没有天赋而感到焦灼不安，也许你的天赋并不出众，你的经验也不够丰富，但你却是这个世界上独一无二的存在。只有坚信自己，活出自己的精彩人生，你才能成为命运的主宰。

活得精彩，才能赢得全世界的喝彩

从本质上而言，生活从来不是善意的，尽管生活中有很多美好的事情和现象，但是我们依然无法逃避那些潜在的危险和让人尴尬的意外。尤其是很多时候，我们还会遇到形形色色的人，他们或者有心或者无意，扰乱我们对于生活的计划和设想。对于弱者而言，一旦遭遇意外的干扰或者坎坷和挫折，马上就会信心全无，想要放弃。但是对于强者而言，一切的磨难使他们越挫越勇，从而成长和成熟起来，让自己拥有更多的力量勇敢地面对生活，应付各种各样的磨难。

现实生活中，很多人都抱怨命运的反复无常，觉得命运总是捉弄自己，所以才使自己显得这么被动和无奈。殊不知，命运是公平的，命运如果为一个人关上一扇门，就一定还会给那个人打开一扇窗。只要我们自己不放弃，哪怕面对再多的泥泞坎坷，也依然能够活出自己的精彩，甚至得到全世界的喝彩。当我们自暴自弃时，只能被他人嘲笑和嫌弃。所以说，命运的主动权完全掌握在我们自己手中，我们唯有具备精彩，才能赢得全世界的喝彩。

今天，小宇刚刚下班，就接到了莫非的电话。原来，莫非因为工作上出现失误，被领导狠狠地批评了一通，还因此遭到了同事的白眼。为此，委屈万分的莫非和同事争执起来，又被领导批评不懂得团结同事，不善于处理人际关系。莫非在电话中激动地向小宇倾诉："小宇，我决定了，我再也不要继续这样下去了，我已经受够了这个领导，也不想再与那个可恶的同事共事。我要辞职。"

听到莫非的话，小宇惊讶极了。要知道，当初莫非可是哭着喊着要去这家公司的，而且也的确费尽周折，才如愿以偿进入这家公司。小宇记得，当初公司招聘条件很严格，竞争也异常激烈，为了给自己加分，莫非还特意拜访老师，让老师给自己写了一封推荐信呢！当然，这个公司规模大，在行业内口碑好，福利待遇也是相当好的。如今看到莫非才进入公司一年多，就要打道回府，小宇觉得很惊讶。小宇问莫非："你觉得，如果换一家公司，一切都会更好吗？其实，我也有不喜欢的领导和同事，但是我从未想过逃避，因为我知道每家公司都差不多，我们不可能总是遇到让我们喜欢的人。所以我认为，我们必须提升和完善自我，在工作上有特别突出的表现，才能赢得他人的认可和赏识，也才能获得他人的尊重。总而言之，我们要让实力为自己代言，而不要让任性为自己代言。"小宇的话让情绪激动的莫非陷入沉思：的确，换一家公司情况未必就能好转起来，说不定还会遇到更让自己无法忍受的领导和同事呢。

在职场上，人们会尊重那些的确有实力、有能力的人，而不会随意地认可任何一个人。所以要想立足职场，在职场上赢得自己的一席之地，要做的不是抱怨，而是马上行动起来，不断努力提升和完善自我，让实力为自己代言。一个只会抱怨而没有任何实力的人，是很容易让人瞧不起的，而一个有实力却低调内敛的人，则能够更好地立足职场。尤其是在遇到不喜欢的领导或者同事时，我们第一时间想到的不应该是逃避，就像事例中的莫非一样，没有人能保证他换一家公司就会遇到喜欢的领导和同事。所以与其被动地逃避，不如主动地面对，从根本上解决问题。

任何时候，生活都不会一帆风顺，我们遇到的每个人不会都是我们喜欢的人，同样的道理，包括我们自身在内，也不可能得到每个人的喜爱。正如一位名人所说，这个世界上没有绝对相同的两片树叶，也没有绝对相同的两个人。一花一世界，我们不能提出无理的要求，然后让全世界都为我们让步，既然客观外界不能改变，那么我们就要学会改变自己，以更好地适应这个世界。当我们活出自己的精彩，赢得全世界的掌声时，我们当然会收获梦寐以求的一切。

人生，努力是唯一的方式

现代社会处于日新月异的发展之中，几乎每个人都承受着越来越快的生活节奏和巨大的工作压力。很多人因此而感到疲惫不堪，甚至在忙碌的生活中恨不得独辟蹊径，找到人生的捷径。人生是没有捷径的，正如一句话所说的，书山有路勤为径，学海无涯苦作舟。人生也是如此，努力是唯一的方式，唯有努力对待人生，做好人生中的每件事情，我们才有可能活出属于自己的精彩，拥有与众不同的人生。

如今，很多年轻人都觉得非常苦恼，尤其是男性，更觉得手足无措。如果说曾经的恋爱是两性之间的情投意合、共同奋斗，那么现在的恋爱更多的像是一种交易。很多女孩在寻找人生伴侣的时候，不是要求男孩一定要有钱，就是要求男孩有多么大的房子、多么豪华的车子，更有甚者还要求男孩的月收入。殊不知，这些都是爱情的附属品，根本不是必需品。当然，人人都希望不劳而获，大多数女孩更希望在拥有爱情的同时拥有更多的物质基础。遗憾的是，当她们狮子大开口的时候，男孩总是被吓跑，哪怕竭尽全力实现了女孩的心愿，也会导致未来的生活不堪重负。因而男性们都在抱怨女孩太功利、太势力。其实，这只是表面现象。很多谈恋爱好几年的情侣也会分手，分手的原因在男孩那里归结于女孩太势力，在女孩这里则另有原因。

大四那年，萌萌认识了一位校外的男生卢植。卢植只有专科毕业，毕业后一直在四处奔波找工作，看起来比萌萌的男性同学成熟很多，这让萌萌一见倾心。萌萌不嫌弃卢植的学历没有自己高，总觉得卢植有理想，最终一定能有所成就。为此，尽管父母反对，同学们也不看好，但是萌萌却义无反顾地和卢植走到了一起。

浪漫的萌萌憧憬着尽早大学毕业，可以和卢植一起并肩奋斗。然而真的等到大学毕业走上工作岗位，萌萌却发现卢植并不是一个努力上进的青年。诸如很长时间里，卢植都待业在家，他对工作挑三拣四，找不到好的工作，又不愿意从事不好的工作，有一次居然在家里待业长达半年之久，每次约会都要让萌萌付账。对此，萌萌起初并不在意，她觉得人生不可能是一帆风顺的，因而始终对卢植寄予厚望。直到发现卢植好吃懒做、好高骛远，萌萌才渐渐对卢植失去信心。在艰难地又维持了一年的恋爱之后，萌萌选择了放弃，尤其是看到身边那些优秀的男生都非常刻苦努力，她对卢植更是绝望了。对于分手，卢植愤愤不平，觉得萌萌就是嫌弃他没钱，但是萌萌却说："我甚至可以以微薄的收入养他几年，和他一起艰难度日，都没有关系，但是我不能看不到希望，我无法忍受人生暗无天日。"

原来，萌萌和卢植分手的原因并非觉得卢植没有钱，而是因为卢植不够努力，让她根本看不到任何希望。对于很多女孩而言，她们并非金钱至上主义者，她们也愿意与所爱的人同甘共苦度过一生，但是她们唯独不能忍受自己的爱人不求上进，终日无所事事。所以男性朋友们，不要再觉得任何一个女人的离开都是因为物质的匮乏，更多的时候，她们需要心中的灯火指引人生前进的道路，哪怕你一贫如洗，你也要给予她们这样的希望。

在一生之中，每个人都有过各种各样的坎坷。尤其是在年轻时，因为经验的缺乏，大多数人都走得很缓慢，甚至踉踉跄跄，也不乏有人会摔跟头。有的时候迫于无奈，为了迂回曲折地前进，我们甚至还要退后几步，但是无论如何，我们都不能忘却初心。生活如同逆水行舟，不进则退，每个人要想原地踏步都是不可能的。唯有保持一定的速度前进，才能保持相对静止，而如果绝对停下来，那么就会退步。日久天长，我们必然会无路可退，因为没有人会停留在原地等待我们。

如今，很多人都对李安导演如雷贯耳。然而，大家不知道的是，在李安今日的成功背后，是妻子对他六年的隐忍和支持。和很多女人一样，在李安漫长的沉寂中，妻子也曾经和很多“所托非人”的怨妇一样动过离婚的念头，甚至还给自己远在国外的母亲打电话，哭诉日子的艰难。如果换作别人，也许妻子早就选择了离婚，但是幸好丈夫是李安，才让做妻子的她一路坚持下来，从没有真正放弃。

在这六年的时间里，李安和妻子完全对调了身份，妻子在外面挣钱养家糊口，李安则在家里带孩子。但是他没有一天对调自己的专业，他每天都坚持阅读大量的书籍、杂志、报纸，也有学术文章。每次看到有些素材可以提供电影的构思或者灵感，他都会认真地剪下来，将其贴在专用的本子上。很多人小时候都干过这样的事情，但是李安却把这件事做到了极致。

偶有闲暇，李安还会去电影院看电影，他总是在电影院里待上一整个下午，认真研究每一部电影，从中借鉴经验，学习知识。妻子看到李安的刻苦和努力，知道李安虽然身处逆境依然坚持梦想，而且毫不懈怠地朝着梦想前进，也深受感动。在短暂的担忧之后，妻子依然选择坚定不移地站在李安的身边，成为他最强有力的后盾和支持者。正因为这样明智的决定，成就了李安，也成就了李安的妻子。

看完这个事例，男性朋友们还会抱怨离开自己的女孩太过功利吗？要知道，她曾经不怕你的贫穷，义无反顾地选择和你在一起，就是要和你并肩战斗。与其抱怨她们嫌贫爱富，不如想一想自己在美好的青春岁月里，可曾给过心爱的女孩希望和坚持的力量？如果没有，那么从现在开始改变自己，让自己无愧于青春岁月，更无愧于爱人的以身托付。

对于任何人而言，努力都是人生唯一的态度和方式。凡事就怕认真，既然如此，我们何不以认真努力改变人生呢？很多人之所以不愿意努力，是因为懒散和悠闲是最舒服的人生姿态。既然如此，改变就要从自身开始。唯有突破自我，战胜自我，我们才能最终赢得他人的尊重和认可，也才能如愿以偿得到人生的丰厚馈赠。

骄傲地活在这个世界里

不管一个人多么优秀，在人生之中都不可能一帆风顺。毕竟运气不会因为一个人的优秀就善待他，反而会因为一个人的优秀而更多地磨砺他。正如古人所说，天将降大任于斯人也，必先苦其心志，劳其筋骨，饿其体肤……对于生活、工作和爱情，都是如此。所以不要再抱怨命运的残酷，只要你有一颗骄傲的心，你依然可以活出自己的精彩。

很多人都对人生感到心虚。他们总觉得自己不是最优秀的，因而处处降低自己的身份和姿态，想要委曲求全。殊不知，最好的结果不是求来的，而是平等关系的产物。所以不管是在生活中面对亲人与朋友，还是工作中面对同事与领导，亦或者爱情中面对自己所爱的人，我们都无须卑躬屈膝。骄傲地活着，世界才会为我们喝彩。

每到夜幕降临的时候，大城市里华灯初上，街头闪烁的霓虹灯总是让人意乱神迷。无数人奔波在大城市，放弃了家乡生活的安逸闲适，到底是为什么呢？公司里最近也新来了几名实习生，看起来貌似生活很艰难的样子，嘴唇上没有鲜活的红色，眼睛里也写满了疲惫。居大不易，大概就是大城市里最真实的写照吧。

马蓉发现，每到中午吃饭的时候，实习生里看似家境不太好的刘倩，总是等在最后。等到大家在食堂里打完饭了，她才磨磨蹭蹭地走过去，打一份最简单便宜的菜，吃的都是清汤寡水。马蓉暗暗想道：这个孩子，也许上学期间就像《平凡的世界》里的少平一样，总是吃最差的菜，总是等到最后一个才去取饭菜。马蓉想起自己初来上海的时候，也是囊中羞涩，每天吃饭、坐车都在算计着。期间她也曾犹豫过、动摇过，想要回到安逸舒适的家乡，但最终还是选择留下来。经过几年的奋斗和拼搏，如今的她已经在这里结婚生子、安家落户，过上了平实的生活。

到了下午三点多工间休息时，马蓉照例和几位同事点了外卖的下午茶。看到刘倩疲惫地趴在桌子上，马蓉喊刘倩过来也点一份。刘倩看了看下午茶的单子，发现最便宜的下午茶也足够她一天的生活费，于是把点餐单放下说："我中午吃多了，现在什么也吃不下。"看着这个倔强的女孩，马蓉很有想请刘倩喝下午茶的冲动，但是她更愿意保护刘倩骄傲的自尊。看着刘倩走开的身影，马蓉暗暗想道："亲爱的小妹妹，希望你永远骄傲地活着。"

不可否认，生活的艰难会使人受到磨砺，有些人变得更加坚强和骄傲，有些人因为内心的虚弱，不得不妥协和苟且。每一个如同无根的浮萍一样漂泊在大城市的人，都生活得很艰难，然而就像凤凰涅槃，唯有浴火，才能重生。人生也是如此。

没有不坎坷的人生，也没有不下雨的天。人生在世，哪怕世界再怎么残酷，我们都要昂然屹力，活出属于自己的精彩。记住，真正打倒你的从来不是各种磨难，而是你的内心。只要你始终坚强骄傲，你就是生活的主宰！

第 03 章

确定人生的方向：并且坚定地为之努力

很多人都曾经读过《南辕北辙》的故事，正如故事里所说的，一个人如果方向错了，哪怕拥有再多的有利条件，也会变成实现目标的不利因素。对于人生而言，更是如此。人生是漫长的过程，绝不是一蹴而就的，需要我们付出长久的努力，这就更要求我们要明确人生的方向。唯有在目标明确、方向正确的情况下，经过努力，我们才会距离梦想和理想越来越近，人生也才会事半功倍。

方向明确，努力才事半功倍

有人说，人生就像在漫无边际的大海上航行，如果没有方向的指引，必然不知所踪。的确，人生就是一个漫长的线性过程，我们无法决定人生的长度，但是可以控制人生的宽度。当我们拓宽生命，让人生富有意义，那么人生会更充实。但一切的前提都是要有明确的方向，如果我们在人生的大海上随波逐流，非但无法到达彼岸，甚至还会距离彼岸越来越远。

在《爱丽丝漫游奇境记》中，有一段对话使人印象深刻。爱丽丝问："请你告诉我，我应该选择哪条路？"猫回答："你想去哪里呢？"爱丽丝说："我随便去哪里。"猫回答："那么，你随便选择哪条路都行。"只是简单的几句对话，却为我们揭示了一个深刻的道理。一个人如果没有明确的方向和目标，不但自己不知所措，而且别人想要提供帮助都无从下手。正所谓"一年之计在于春，一日之计在于晨"，一生之计在于方向要明确，让努力事半功倍，让人生效率倍增，才能收获好的结果。

现实生活中，很多人整日抱怨命运的不公平，感慨自己终日奔波忙碌，却从未得到任何收获，而且距离成功越来越远。实际上，这并非命运的责任，而是因为自身的努力和辛苦付出没有收到预期的效果。究其原因，也许就是缺乏方向和目标的指引，导致白白浪费了宝贵的时间和精力，使得人生越来越局促紧张。当然，这样的困惑并非个例，而是很平常的情况。每当夜深人静的时候，我们更应该扪心自问："我们努力的方向对了吗？"一旦方向错了，把生命浪费在无关紧要的事情上，就会导致努力成为无用功，不但没有功劳，更没有苦劳。

传说中，唐僧带着徒弟孙悟空、猪八戒和沙僧去西天取经。一路上，他们风餐露宿，饱经磨难。放在现代职场来看，他们就是一个团队，正在为了完成工作而精诚合作。在这个团队中，孙悟空本领最高强，不但有金箍棒，还掌握了七十二变，所以几乎每次唐僧遇难的时候，莽撞的猪八戒只能帮倒忙，而孙悟空却总是那个救场的人，成功地解救师傅。因而，很多朋友都觉得孙悟空是整个团队的核心人物，是不可缺少的。殊不知，这恰恰大错特错了。实际上，在这个团队中，看似手无缚鸡之力的唐僧才是真正的核心人物，是整个团队的灵魂所在。

孙悟空每次受了委屈或者是遭受挫折，就会回到花果山当逍遥自在的美猴王。猪八戒虽然能打，但是能力有限。沙僧呢，非常老实，沉默寡言，是负责挑行李的。虽然唐僧去西天求经的路上，看似最离不开的是孙悟空，实际上猪八戒和沙僧也至关重要，而最重要的就是唐僧本人。当徒弟们一个要往东、一个要往西的时候，唯有唐僧始终坚持方向，不忘初心。孙悟空几次三番无组织无纪律地脱离队伍，都是唐僧想办法把孙悟空找回来，然后整个团队继续一个也不少地执着前行。如果没有唐僧进行管理，约束着每个徒弟都朝着目标奋进，只怕整个团队会乱成一锅粥，取经也不可能完成。

从唐僧取经的事例中，我们可以看出，方向不管对于一个人，还是一个团队而言，都是至关重要的。选对方向，就具有了最初的动力，每一次努力，也会使我们距离成功越来越近。所以说，正确的方向是获得成功的先决条件，同时也是保障成功的基本要素。如果没有方向作为指引，那么孙悟空也会犯南辕北辙的错误，导致他们距离取经的目的地越来越远。不要因为自己占据某些有利的因素，或者有特殊的天赋，就沾沾自喜。要知道，一旦方向错误，原本对于实现目标有利的因素，都会变成对目标不利的因素，甚至导致我们彻底背离目标。

遗憾的是，现实生活中，总有些人特别懒惰且目光短浅，明知道自己努力的方向不对，却因为不愿意此前付出的努力白费，就继续错误下去。这样的人最可悲，因为他们忙忙碌碌之后毫无收获，也无所作为。细心的朋友们会发现，大多数成功人士之所以能够获得成功，是因为他们有独到的眼光，而且能够始终坚持正确方向，目标明确。人生短暂，我们却不能急于埋头赶路。唯有在正确方向的指引下，我们才能实现最初的目标。我们必须记住，和一味地努力相比，选对方向是更需要急迫解决的问题。方向对了，努力事半功倍。方向不对，努力毫无收获，还有可能导致事与愿违。

把握今天，你才能把握未来

有人说人生是一场没有归途的旅程，而且也不知道目的地在哪里，其实，人生的确是漫长的，但是同时也非常短暂，因为我们不知道人生何时就会戛然而止。人生的魅力也就恰恰在于此，充满了无数的可能性，充满了无数的挑战和意外。很多朋友因为人生的无常而感到非常困惑，甚至对于命运的很多安排觉得乏力，也因此对人生茫然无措，甚至放弃努力。这当然是不对的。任何时候，我们都不应该随波逐流，而要勇敢地面对人生，竭尽全力地把握人生。

其实，人生也并非那么难以捉摸。确切地说，人生之中只有三天的时间，即昨天、今天和明天。昨天，毋庸置疑已经变成过去，成为不可更改的历史，明天还远远没有到来，是未知的。而我们唯一能够把握的，就是今天。把握好今天，不但是对昨日的升华和总结，更是对未来的铺垫和准备。很多人都觉得未来是未知的，不可捉摸和把握的，其实不然。每一个昨天，都是今天的前身，每一个今天，都是明日的先兆。所以朋友们，不要觉得未来还远远没有到来，也不要觉得今天的一切与未来无关。曾经有位名人说，你今日流的是泪，明日流的就是血；你今日流的是汗，明日发出的就是光，这充分告诉我们，每一个今日都决定了我们明日的模样。唯有活在当下，把握好生命中的每一个今天，我们才能拥有明日，才能创造未来。

林肯，作为美国历史上最伟大的总统之一，在世界政治舞台上也留下了浓墨重彩的一笔，为世界各国的人民所熟知。很多人都见过林肯充满自信的样子，但是对林肯当总统之前的人生经历不太了解。实际上，林肯在成为总统之前，人生经历坎坷不平，而且政治生涯的发展也极不顺利。

林肯生长在普通的家庭，并没有比他人占有什么优势，甚至他比起普通人更遭遇了数不清的坎坷和磨难。他一次次接受失败的打击，但是却从未放弃努力。正是因为他的坚韧不拔，正是因为他决不放弃，所以才会以恒心和耐力，铺就人生的成功之路。1809年，林肯出生在贫困的家庭，到他9岁的时候，母亲去世了，22岁那年，林肯经商失败。23岁，林肯竞选州议员，以失败告终。同年，他考入法学院就读的想法也落空了。24岁，林肯弃而不馁，向朋友借钱，再次做生意。这次生意又失败，此后他足足用了16年的时间，才还清生意上的债务。

25岁，也许是命运觉得对林肯太残酷了，因而别开一面，让林肯通过州议员竞选，林肯如愿以偿走入政界。然而，次年致命的打击接踵而至，林肯的未婚妻在距离婚期很近的时候突然去世，这使林肯完全崩溃，后来卧病在床半年多。31岁，休养生息之后的林肯想要成为选举人，却落选了。34岁，他再接再厉，继续参加国会大选，还是以落选宣告结束。37岁，林肯在国会大选中终于当选，因而去华盛顿特区任职，表现非常突出。

39岁，林肯想争取连任国会议员，但是失败了。40岁，林肯想担任州土地局局长，却被拒绝。45岁，林肯竞选美国参议院，结果依然很残酷。47岁，林肯想要争取副总统提名，但是他的得票很少，还不到一百张。51岁那年，林肯终于成功当选美国总统，从此掀开了人生的新篇章。

在漫长的一生之中，林肯成功的次数远远少于失败，甚至可以说他一生之中的大多数时间都是在失败中度过的，唯有两次成功。换作其他人，也许早就在失败的接踵打击下，变得不知所措，甚至完全失去了希望。但是林肯却越挫越勇，在痛失未婚妻卧病在床半年后，依然勇敢地站起来，继续投身于政坛。正是这种坚毅顽强的精神，才使林肯获得了最终的成就。

每一个人从出生开始，就踏上了向死而生的人生旅程。对任何人来说，人生的困厄总是不期而至，而且毫无征兆。不要再因为人生的反复无常而苦恼，要更加勇敢坚定地面对人生，以坚强的姿态坦然应对，这样才能走出属于自己的人生之路，甚至活出自己的精彩和与众不同。记住，不到最后时刻千万不要放弃，对于任何事情都应该如此。喜欢看好莱坞大片的朋友都知道，那些钢铁硬汉，无一不具有强烈的求生意志和必胜的信念，所以才能在各种艰难的境遇中顺利逃脱，获得生机。人生更是如此，唯有占据主动，把握先机，才能赢得更多生机，也更加从容。

漫无目的的人，总是被计划甩下

现实生活中，很多人经常会说："我不知道应该怎么办""我很后悔，假如可以重来一次……""一切都太出乎意料了，完全超出我的想象……"这样的话说起来其实毫无意义，不过是牢骚而已。其实，我们不仅常常听人这么说，自己也经常无意识地就开始抱怨，开始推脱责任，被生活的猝不及防搞得手足无措。

生活是艰难的，这一点毋庸置疑，艰难就是生活的本质，也是人人都要承担的生活的难题。常言道，人生不如意十之八九，既然如此，我们也就没有必要继续抱怨了，毕竟抱怨无法解决任何问题。其实对于生活的无常，我们还有一个办法可以防患于未然，那就是提前制订计划，从而让一切都尽量按照自己的设想去发展。在制订计划的过程中，我们必然想到最坏的情况，也会对很多事情提前做好准备。这样，当发生意外的惊喜或者惊吓时，我们只要按照预案去处理问题，根本不需要过多地烦忧。换言之，当我们有了心理准备，事情也就不会使我们猝不及防或者措手不及了。怕只怕很多人对生活漫无目的，毫无计划可言，哪怕手忙脚乱地做了很多，最终却毫无收获。

作为“新东方”的缔造者之一，徐小平曾经说过，“假如人生没有设计，你只剩下三天就要挨饿。”这句话虽然说得有些过于夸张，但是却很符合现代社会的发展速度和趋势。现代社会竞争越来越激烈，人们的危机意识都很强。假如对于人生没有规划，那么就会导致被动，凡事都处于挨打的地位；反之，唯有未雨绸缪，我们才能让人生变得井井有条，效率倍增。

也许有人会说，人生之中计划赶不上变化快，哪怕计划了，也会不停地随着发展而改变。事实并非如此。针对计划对于人生的重要性，早在二十世纪中叶，哈佛大学的一位教授就曾经针对1000名毕业生展开了调查。教授询问这些毕业生对于人生的规划情况，最终总结出真实有效的数据，即在这1000名毕业生中，只有不足4%的学生对于人生有清晰准确的规划，大概有百分之十六的学生，对于人生有模糊的规划，其他学生对于人生根本没有规划，只准备像无头苍蝇一样投身于生活之中。这项实验进行了很长时间，直到三十年过去，这位教授才重新联系当年参与调查的1000名学生。除了有35名学生因为各种原因没有联系上外，教授与其他的965名学生都联系上了。教授了解他们的家庭、事业等人生状况，最终得到的结果让人大吃一惊。原来，那些三十年前在大学毕业前夕对于人生有清晰规划的学生们，在后来的人生中取得了非常好的发展，各方面都能令人满意。而对人生毫无规划的那些学生们，生活不如意，或者事业没有发展。总而言之，没有规划的学生与有规划的学生，人生大相径庭，反差强烈。

哈佛大学是举世闻名的学校，是全世界的莘莘学子都向往的名校。从哈佛大学毕业的学生，如果没有明确的人生规划，都会导致人生的发展滞后，甚至受到阻碍，更何况是普通的学生呢！对于每一个人而言，计划都是人生中必不可少的，也是保证人生获得成功的必要因素。

1944年，有一个15岁的少年在美国洛杉矶郊区写下了自己的人生目标。他的目标很多，足足有127项，包括去各个地方旅行，探访名人的古迹，读一些作品或者写一部属于自己的作品。16岁那年，他跟随父亲一起去探险，完成了自己的第一个人生目标。18岁，他离开家乡，开始四处闯荡。20岁，他成为空军驾驶员，每天在天上飞来飞去，一年就走遍了世界上的21个国家。

22岁那年，他在危地马拉发现了一座古庙，还成为洛杉矶探险家俱乐部的最小成员。然而，四处奔波的生活虽然丰富了他的阅历，却也使他数次身处险境，险些性命不保。就这样有惊有险地走过人生的60年，他已经完成了106项人生目标。对普通人而言，这堪称奇迹，但是对他而言，这只是生命的必然历程。

刚开始，看到这个少年列下127项人生目标的时候，大家肯定都会感到非常惊讶，甚至认为连一半都不可能实现。然而，等到这个少年走过人生六十载，他却已经实现了106项人生目标，堪称奇迹。这就是拥有明确人生目标和规划的人，表现出来的强大力量。生命，充满了奇迹，最重要的就在于我们如何对待生命、规划生命。否则，任由生命的时光缓缓地流淌过去，不但生命的长度被缩短，就连生命的宽度也狭窄得可怜。这样的人生，谈何充实，谈何积极乐观向上呢？

有人觉得目标对于人生可有可无，现实却告诉我们，目标对于人生的发展至关重要。举个最简单的例子，一个孩子如果考试的时候奔着100分努力，那么他有可能考得100分，也有可能考得90多分。反过来，一个孩子考试之前如果觉得自己只要考到及格线就可以了，那么他大多不可能及格。这是因为在正式开始考试之前，他就已经放弃了努力，而且降低了对自己的要求和标准。聪明的朋友们看到这里，一定知道了自己的人生和他人的成功人生差距在哪里了吧！为了避免被人生远远甩下，我们一定要用心地计划人生，也要努力地跟进计划的节奏，让人生变得更加紧锣密鼓，更加充实。

让自己变成一颗璀璨的珍珠

现代社会，每个人都要承受巨大的生存压力，尤其是职场的竞争日益激烈，导致人们心力憔悴，也要想方设法在工作上有好的表现。殊不知，命运是掌握在自己手中的，虽然我们在“象牙塔”的大学校园里学习，得到了很高的学历，但是要有真才实学，才能在工作中有更突出的表现，创造更好的成绩，才能得到上司真正的赏识。否则，如果我们一味地自视甚高，虽然学历高，但是能力不足，就会导致我们变得很被动，甚至会被同事和领导瞧不起。不要再抱怨命运不公平，也不要抱怨老天爷没有给自己更多的机会。要知道，机会对于任何人都是平等的，但是机会只给有准备的人，因此如果我们没有提前做好准备，就只能眼睁睁看着机会溜走，而不要怨天尤人。

心理学家经过研究发现，很多人的先天条件都相差无几，然而为何有人能够获得成功，有人却总是与失败纠缠呢？最本质的原因不是客观的外界条件，而是人的内心。很多人都羡慕他人的成功，殊不知，他人在获得成功之前，已经付出了长久的努力和无数的艰辛。既然如此，就不要为自身的默默无闻感到悲哀，而要从自身寻找原因，才能更好地提升和完善自我，让自己成为璀璨夺目的珍珠。

很久以前，有个年轻人大学毕业后始终找不到满意的工作。为此，他非常苦恼，觉得十几年寒窗苦读，如今却找不到人生的位置，未免抱怨现实，愤愤不平。在失业一年多之后，年轻人郁郁寡欢，来到海边，想要结束自己不为他人重视和重用的生命。

正当年轻人在海边踟蹰不前时，有个老人经过海滩，看到年轻人愁眉不展的样子，问："年轻人，你怎么了？"年轻人马上打开了话匣子，说："老人家，我大学毕业后，始终找不到合适的工作，还要靠父母养着我，真是无颜再继续活下去。"老人听到年轻人的话，一言不发，低下头从沙滩上捡起一粒小石子，在给年轻人看过之后，老人又把小石子扔到脚下的沙滩上。老人问年轻人："现在，你还能找到刚才那粒小石子吗？"年轻人摇摇头，老人接着说："好吧。"说完，老人从口袋里拿出一颗光彩夺目的珍珠，又将珍珠扔到沙滩上，问年轻人："看看吧，现在你能找到那颗珍珠吗？"年轻人疑惑地点点头，说："它就在那里啊，一眼就能看到。"老人颇有深意地笑了，说："那就好。你现在就像那粒小石子，因为石子实在太多了，所以人们在石子堆里看不到你。要想出类拔萃，你必须把自己变成这颗珍珠，才能一下子就跳入人们的眼帘。但是，你也要记住，珍珠并不是从天而降的，而是经过漫长的孕育才最终形成的。现在的你，应该知道自己要怎么做了吧？你口口声声说要找到合适的、让自己满意的工作，却不愿意从最基础的工作干起，你不是富二代，你凭什么一下子拥有一切呢？"老人的话使年轻人陷入了沉思，老人已经走得很远了，年轻人突然顿悟，对着老人的背影喊道："我会成为一颗珍珠的。"

老人的话平实而又直白，话虽然糙，但是道理却一点儿也不糙。有的时候，我们必须客观认识自己，知道自己眼下只是一颗普通的沙粒，而不是价值连城的珍珠。所以不要抱怨别人对我们视若无睹，唯有让自己变得璀璨夺目，我们才能吸引他人的目光。

很多人对人生不满意，都会把原因归咎于客观外部。殊不知，与其羡慕他人的命运，不如努力把握我们自身的命运；与其浪费宝贵的时间思虑重重，不如马上行动起来，让自己脱胎换骨，彻底改变。如果说成功之路就是不断攀登的过程，那么能力就是进步的台阶，对于人生的规划就是宏图。我们唯有踩着台阶不断向着预定的目标前进，在努力攀登的过程中提升和完善自我，才能距离成功越来越近。而在获得成功之前，尤其是对于刚刚步入社会的年轻人而言，默默无闻地当一颗小石子，充实自己，孕育生命的珍珠，才是最重要的。

学会接受，才能更好地生存

人生不如意十之八九，很多人都会抱怨命运多舛，更会对客观的一切不满，唯独忘记了改变自己。水是这个世界上最无形的，水可以纳入任何容器，也可以变换成不同的状态存在。因而有人说水最柔软，也有人说水最坚韧。这是因为水有着超强的适应性，不管在哪里，都可以存在。和坚硬的钢铁比起来，水凝结成冰，也会拥有超强的韧性；和温润的泥土在一起，水可以无孔不入，融入泥土之中，和泥土一起孕育生命；在极端炎热的天气中，水可以蒸发升腾到天空中，等到条件成熟再落地为雨。水无色无形也无味，能够凝聚成各种形状，改变成各种形态。

对人而言，有着刚强的个性固然好，也要有随机应变的能力。因为改变是一种智慧，接受也同样象征宽容博大的胸怀。海纳百川，有容乃大，都是形容接受的。人生在世，我们遇到的每个人、每件事，当然无法使我们完全满意。既然无法改变他人或者其他的事情，我们就无须郁郁寡欢，而要理所当然接纳一些，宽容一切。遗憾的是，人们似乎总是热衷于改变外界，而很少主动地进行自我反省。这也就注定了大多数人都是痛苦地活着，每时每刻都被内心的焦虑不安折磨，甚至无处遁形。

很小的时候，巴雷尼因为突然患病，成为重度残疾。看到心爱的孩子变成这个样子，母亲觉得无法接受，心疼得无以复加。然而，母亲还是勉强忍住内心的悲痛，因为她知道此时此刻，孩子最需要她的鼓励和支持，才能走过人生中艰难的时刻。而母亲的眼泪，只会使孩子更加害怕和无助。为此，母亲擦干眼泪，来到巴雷尼身边，说："孩子，虽然命运很残酷，但是妈妈相信你是一个勇敢的人。妈妈希望你能站起来，用自己的双腿走好人生之路。你可以答应妈妈吗？"小小的巴雷尼，从母亲的眼睛里看到母亲的悲痛，他也觉得特别伤心，似乎大难临头，因而忍不住扑到母亲怀里嚎啕大哭。从此之后，母亲开始与巴雷尼一起进行康复训练，他们一有时间就练习走路，哪怕累得满头大汗也不停下来。有一次，母亲患了严重的感冒，为了给巴雷尼树立榜样，虽然发着高烧，依然坚持如期陪巴雷尼锻炼。看到妈妈的头发都被汗水浸湿了，巴雷尼浑身充满了力量，咬牙继续进行锻炼。最终，巴雷尼以残疾之躯，在学习上始终成绩优异，不但顺利考入维也纳医学院，后来更是在儿科神经学方面做出了特殊贡献。他不但获得了诺贝尔生理学奖，还获得了诺贝尔医学奖，对于整个人类的医学发展做出了杰出的贡献。

无疑，对待人生，最明智的做法是接受那些不能改变的，诸如环境、他人；改变那些可以改变的，诸如面对人生的态度，对于人生的规划，以及诸多不切实际的幻想。这样一来，我们就不会像大多数人那么痛苦，而大多数人之所以痛苦，根源就在于他们总是试图改变无法改变的，而又接受那些可以改变的，听天由命。巴雷尼就是人生的强者，他对于自己无法改变的残疾，不但没有放弃对人生的希望，反而勇敢地站起来，努力地练习走路。最终，功夫不负有心人，巴雷尼以顽强的意志完成了学业，而且在医学方面有所建树，获得了诺贝尔生理学和医学奖，这是让全世界都为之瞩目的、至高无上的荣誉。

由此可见，比起抗拒和排斥，接受更是一种难得的勇气和伟大的力量。生活总是这样和我们开玩笑，没有人知道自己在接下来的人生之路中将会遇到什么。我们唯一能做的就是坦然从容，随遇而安，以博大的胸怀迎接成长。

第04章

认清自己的优势：拥有别人拿不走的东西

现代社会，生存的压力越来越大，竞争日益激烈，每个人要想在生活和工作中站稳脚跟，尤其是在没有硝烟却胜似战场的职场上赢得自己的一席之地，肯定要有自己的一技之长。遗憾的是，大多数人不是妄自菲薄，就是狂妄自大，很少有人能客观、公正地评价自己，认清自己的优势和劣势。然而，人最不了解的就是自己，唯有突破内心的禁锢，打破发展的局限，人们才能彻底超越自我，赢得人生的更好发展。

你的所有，决定了你的价值

曾经有一段时间，“我的爸爸是李刚”这句话成为网络流行语，充满了嘲讽的意味，也带着黑色幽默的色彩。的确，有些人出生的起点，就比其他人奋斗一生的终点还要更高，他们是含着金汤匙出生的，衣食无忧，父母有权、有势、有钱，根本不需要为大多人烦心的一切发愁。还有些人竭尽全力只为了得到一个相对平等的机会，他们却根本不放在心上。然而，每一个人生的强者都知道，我们不能因为他人的起点比自己的终点更高，就放弃努力。毕竟，人生的很多机会都是需要我们自己去争取的，假如我们还没努力就放弃了，注定我们将会一贫如洗，分文不值。

尤其是现代的年轻人，不患寡而患不均，因为身边充斥着富二代，就更容易让自己心绪失衡，常常怨声载道。殊不知，每个人都有属于自己的苦恼，也许富二代、生来不用奋斗，但是他们却有其他的烦恼，诸如家庭不和睦、缺乏父母的关爱等。所以每个人都应该学会平衡自己的内心，命运总是公平的，人生中这一处的匮乏，也许就要靠那一处的富足弥补。此外，对于人生的感受，并非完全取决于金钱、权势。很多人都追求幸福，实际上幸福完全是人内心的感受，而非一个有着标准定义的概念。虽然人不应该贪婪，但是要想在人生之中更加充实且有意义，我们就要让自己更加精神抖擞地面对人生，而且绝不因为任何原因而放弃人生，在人生之中退到无处可退的地步。

理智的朋友们，不要再因为人生的贫瘠而抱怨，命运只会青睐勤奋努力的人，而不会偏爱那些怨声载道的人。抱怨除了能够暂时帮助我们发泄不满外，对于事情的解决根本于事无补，反而会使事情变得更糟糕，甚至导致事与愿违。我们要在人生中保持理智，更要坚守做人的原则，不管什么时候都不忘初心，方得始终。

在社会生活中，每个人都有自己的角色和定位。例如，有些人天生默默无闻，注定要平凡度过一生，有的人却天生就奉行“生命不息，折腾不止”的原则，绝不轻易放过自己，也不愿人生有片刻安宁。大多数情况下，爱折腾的人往往能够做出一番事业，而喜欢岁月静好的人，在人生之中也能如愿以偿得到幸福。任何时候，我们都不要拿自己的标准去衡量别人的选择，也不要以别人的眼光来禁锢自己的人生。记住，人生只属于我们自己，所谓的成功就是一定要活出真实自然的自己，然后再实现自身的价值。

很多年轻人刚刚走出大学校园就好高骛远，恨不得马上拥有高薪而又体面的工作，却无须付出太多的劳累。每一朵花的绽放都要经过长久的努力，每一次人生的腾飞都需要付出艰辛。人具有社会属性，是社会的一员，每个人理所当然想要得到社会的认可和他人的尊重，那么从现在开始就停止抱怨吧。如果你愿意把所有抱怨的时间都用来努力，证明自己存在的意义，相信你一定能够更快地实现自身的目标，从容度过充实的人生。

大学毕业后，金湖几经周折，才找到现在的这份工作。他很珍惜得来不易的工作机会，对待工作兢兢业业，丝毫不敢懈怠和疏忽，但是总被同事们小看，有的时候因为工作上出现错误，还会被领导批评。金湖很郁闷，他不知道自己这么努力，又是职场上的新人，同事和领导为何不能多多教导他，而偏偏要嘲笑或者批评他呢？

有一天，金湖因为没有听清领导的要求，把表格整个都做错了。为此，领导大发雷霆，因为他下午开会就要用这个表格。这时，金湖辩解说领导交代任务的时候没有说清楚，导致领导更上火，甚至恨不得把金湖当即开除。幸好平日里和金湖相处比较好的一个老同事主动提出整理表格，纠正错误，此事才算告一段落。在和老同事一起纠错的过程中，金湖郁闷极了，不停地唉声叹气。老同事问："金湖，是不是觉得心里很憋屈？"金湖点点头。老同事又说："其实，你不应该说是因为领导交代任务不清楚导致的，假如你能主动承担责任，积极认错，也许领导不会那么生气。""但是，"金湖欲言又止，"的确是领导没有交代清楚。"老同事说："我当然知道领导肯定没有交代清楚，但是领导毕竟是领导，你现在才进公司，还没有给公司创造什么效益或者做出贡献，他当然不会买你的账啦。你知道销售部的林丹吗？"金湖点点头，老同事接着说："这么告诉你吧，林丹在公司可是个大红人，她销售能力很强，每年都能给公司拉来很多订单，所以哪怕林丹抢白领导几句，领导也不敢对林丹怎么样。假如有朝一日你像林丹那么牛，那你尽管把责任推到领导身上，完全没问题。"老同事的话使金湖陷入沉思：的确，自己只是个初入公司、错误频出的应届大学毕业生，唯一的优势也许就是虚心好学和勤奋努力了，既然如此，还有什么必要狡辩呢？有了错误，就赶紧承认，等有了资本，才在公司里有立足之地。

后来，金湖再也不犯愣头青的错误了，总是积极主动地承担工作、承担责任。随着工作经验越来越丰富，他在工作上的表现越来越好。领导果然对他的态度一百八十度大转弯，不但更加器重他，还给他升职加薪。金湖在职场上渐入佳境，感觉越来越好了。

在这个事例中，金湖从被同事嘲笑、被领导轻视和批评，到摆正自己的位置，意识到自己作为"一穷二白"的职场人士，只有脚踏实地地努力，积累经验，才能在职场上有资历，也才能被领导看重，得到同事的认可。一旦态度端正了，他对于工作马上效率倍增，也因为心里不再抵触领导，所以他完全做到心平气和地工作。

虽然我们每天都在教育人们不要过于势力，更不要急功近利，但事实却告诉我们，我们所拥有的，恰恰决定了我们的地位。诸如在学校里，老师总是偏爱乖巧聪明、学习成绩好的学生；在家里，父母也偏爱讨人喜欢、听话懂事的孩子；毫无疑问，职场上，领导一定喜欢工作上有突出表现、非常杰出的员工。从现在开始更加积极努力吧，对任何人而言，唯有不可取代，有着独到之处，才能得到他人特别的重视和优待。英雄不问出处，任何时候都不要因为自己的出身而妄自菲薄。记住，你是谁不重要，重要的是你拥有什么。你的拥有，决定了你的价值，也决定了你将拥有怎样的人生。

发展核心竞争力，才能真正立足

曾经有一段时间，关于核心竞争力成为人们谈论的话题，尤其在职场上，人们总是把核心竞争力挂在嘴边，似乎不说核心竞争力的人就落伍了。的确，从职场竞争力的角度而言，核心竞争力是重要的、不容忽视的因素。一个职场人士如果没有核心竞争力，就无法把自己区别于其他的同事，更无法从人才济济的公司里脱颖而出。而所谓的核心竞争力，就是一个人区别于其他人的特殊能力，这种能力就像标签，让当事者和他人不同，变得更加鲜明。

心理学上有一个著名的理论，叫木桶理论。所谓木桶理论，告诉人们一只木桶最终能容纳多少水，并不是取决于木桶的长板，而是取决于短板。的确，哪怕我们再怎么努力，也不可能把水装到长板的位置，因为木桶的短板就像是一个倾泻的通道，很快就会把水流光。因为对木桶理论的迷信，在职场上，很多人都开始弥补自己的短板，把自己视为一只木桶，觉得自己如果短板太短，就会限制整个人生的发展。实际上，人不是木桶，这种观点也并不正确。

不可否认，很多时候弱点和不足会限制人的发展，但是并非所有的短板都会影响人的成就。举例而言，莫言并不擅长化学，但是依然能获得诺贝尔文学奖；屠呦呦也写不出文学小说，但是依然能获得诺贝尔化学奖。虽然孩子在学习阶段最好不要偏科，那是为了孩子的成长奠定基础。一旦长大成人，术业有专攻的人，往往比面面俱到的人有更大的成就。这就是核心竞争力。从木桶理论的角度来说，核心竞争力是人的长板。人生短暂，光阴易逝，我们不应一味地把宝贵的时间用来弥补不足，如果那个不足不是致命的，也不影响我们的发展，我们为何还要对它耿耿于怀呢！不如集中精力发展自己的长处，从而让自己出类拔萃，获得众人瞩目的成就。这也许才是理智的发展，可以做到有的放矢。

当然，现代职场很多人都意识到核心竞争力的重要作用，但是他们却不能成功发展自己的核心竞争力，一则是因为他们无法客观认识自己，二则是因为他们日常生活的状态过于轻松惬意，导致懈怠成性。所谓由俭入奢易，由奢入简难。同样的道理，从紧张的生活中抽身，享受安逸，这很容易，但是从安逸的生活却很难一下子进入紧张的状态。所以培养核心竞争力是一个漫长的过程，也需要我们努力坚持下去。当然，前提是我们要客观认知和评价自己，从而才能把一切做到更好。

常言道，生活如同逆水行舟，不进则退。每一个人在人生之中，都不可能一帆风顺，更鲜有天赋异禀。更有心理学家经过研究发现，大多数人在先天条件方面都相差无几，但是人与人之间后天的发展之所以相差迥异，就是因为他们的核心竞争力不同。尤其是现代职场人才济济，新人辈出。我们要想出类拔萃，就必须表现突出，贡献杰出，这样才能如愿以偿地走到老板和上司的视野中，赢得他们的认可和赏识。

从师范学校毕业后，占明回到家乡，进入一所中学工作。因为县里的规定是所有的师范毕业生都要下到农村，所以占明尽管家在县城，但还是被分配到距离县城几十里路的农村。爸爸妈妈很着急，恨不得马上托人找关系把占明调回来，但是占明却胸有成竹，他还告诉爸爸妈妈他有核心竞争力呢！

原来，占明非常擅长电脑，而且文笔特别好。果不其然，才毕业一年多，他的论文就在市里获得二等奖，而且在公开课上，占明制作的精美课件也使他走入很多领导的视野。渐渐地，占明在教育系统的名气越来越大。没过几年，县城里的一位小学校长就特意邀请占明调到他们学校，并且要让占明当他的助理。此外，教育局的一个领导也对占明"情有独钟"。这位领导经常四处开会，却因为秘书不给力，导致他的发言稿总是无法出彩。有一次，这位领导请占明为他写了一份发言稿，果然赢得了满堂彩。从此以后领导就对占明"情有独钟"，一心一意想让占明当他的秘书。就这样，原本让爸爸妈妈非常头疼的调动问题，在占明强有力的核心竞争力下，轻而易举就解决了。

在这个事例中，占明的核心竞争力就是他擅长电脑，能把课件制作得精美生动，而且他很擅长写作，是个不折不扣的"笔杆子"。众所周知，大多数领导都希望自己身边有个能文能武的人，对于占明这样既能教学，又能兼职担任秘书的才子，他们当然会趋之若鹜了。所以在他人那里非常头疼的调动问题，在占明这里轻而易举就解决了。

和小县城的学校工作相比，在大城市，职场竞争更加激烈。要想在现代职场中立足，最重要的就是发展核心竞争力，从而让自己得到他人的另眼相看和衷心佩服。需要注意的是，很多人对于核心竞争力的理解都有失偏颇。一说起核心竞争力，他们就说自己正直善良、勤奋踏实。实际上，这不是核心竞争力，而是做人做事的基本要求。所谓的核心竞争力，就是我们与他人竞争的优势，就是我们区别于他人的与众不同之处。所谓的核心竞争力，要求我们在具备基本品格和素质的基础上，还要表现出自己无可替代的优势。唯有具备真正的核心竞争力，我们在职场上才能如鱼得水，游刃有余。

现代职场，很多人如同任劳任怨的老黄牛一样，数十年如一日地努力付出，非但没有得到领导的认可和赏识，反而被领导忽略，被当成空气，这到底是为什么呢？不是说没有功劳，也有苦劳吗？难道领导没有看到他们的所作所为吗？当然不是。领导把一切都看在眼里，但是故意视若无睹，就是因为现代职场不但需要埋头苦干，也需要主动创新的精神。所以作为一名现代职场人，要同时具备硬实力和软实力，从而全方位提升自己，让自己在人生的道路上不断攀升，最终获得成功。

从事自己喜欢并且擅长的事情

对于爱情，人们总是纠结于是爱我所选还是选我所爱。虽然看起来这两个选项相差无几，只是字的顺序有所不同而已，但是实际上，不同的选择会给我们的人生带来完全不同的结果。诸如一个女人选择了与所爱的人结婚，那么她就要承担付出者的角色，更多地关爱爱人，也为婚姻生活承担起更重要的责任。而如果女性选择和爱自己的人结婚，那么会更多地享受关心。当然，最理想的婚姻状态是彼此相爱，遗憾的是世界上有缘无分的人太多，真正相爱和谐的婚姻太少。所以人们自我安慰说，婚姻并不是爱情的代名词，作为一种契约关系，婚姻比爱情更理性，也更具有责任感。当然这涉嫌自我安慰和自欺欺人，但卓有成效。

人们常说，女怕嫁错郎，男怕入错行。这是因为在封建社会，婚姻往往决定了女人一生的幸福，而行业的选择又决定了男人一生的发展。当然，时代发展到今天，外出工作也不再是男人的专利，作为现代女性同样要走上社会，迈入职场，开始自己精彩的人生。所以，做自己的本职专业，还是从事自己的爱好，还是根据职场的需要调整自我，抑或者做自己最擅长的，成为大多数人都要面临的难题。事实告诉我们，很多大学生走出校园之后，未必有机会从事与专业相关的工作，更多的人迫于严峻的就业形势，不得不勉为其难地从事与专业无关的工作，重新开始学习。有人说，最幸福的事情就是做自己喜欢的工作，这句话非常有道理。唯有从事感兴趣的工作，我们才能拥有更多的热情和激情，在工作上也会有突出的表现。与此同时，如果我们还能从事自己擅长的事情，那么工作上一定会效率倍增，成就突出。

大学毕业后，学习法律专业的王强如愿以偿地进入律师行业，先从律师助理做起。一直以来，王强都是一个非常有正义感的人，他之所以从小就立志当律师，就是因为看到电视剧上律师能够为受到冤屈的人伸张正义，而且社会地位很高，不管走到哪里都受人敬仰。在王强心里，律师简直是正义的化身。

刚刚开始工作时，王强每天就像打了鸡血一样，不停地跑案子，恨不得一朝成名，成为正义的使者。十几年干下来，他的确为很多需要的人提供了专业的法律服务，而且收入很高，在行业内也已经小有名气。但是，人到中年的他却感到越来越疲惫，甚至产生了改行的念头。此时，王强已经结了婚，有了一个8岁的女儿。再加上家里前几年刚刚买了别墅、买了豪车，所以他每个月都要负担好几万元的开支。如果改行，显而易见他此前拥有的一切都会受到影响，也许他的收入会锐减到不足现在的零头。因此，当王强把自己的想法告诉妻子后，妻子马上表示反对。妻子苦口婆心对王强说了很多，而且也告诉王强孩子未来会更需要钱。甚至王强一旦辞职，别墅每年的物业费对他们而言都是一笔巨大的开销，他们也有可能要搬离别墅，再次回到小房子里。王强当然知道妻子所说的一切都是现实问题，因而他问妻子：

“你是愿意每天面对一个不开心的丈夫，还是想继续物质的享受？”妻子想了想，最终决定支持王强。

辞职之后，王强休养生息了一个多月，想明白自己最喜欢做的事情其实是厨师。因为他从小家庭贫困，所以习惯于为家人做饭，为此，王强决定拿出积蓄开一个私家菜馆。这样悠闲的、充满烟火气息的生活，会让他觉得安全而又宁静。正如妻子所说的，他们搬离了别墅，租了个连家店，开启了崭新的生活。每天清晨，王强去菜市场选购最新鲜的食材，然后为提前下订单的顾客准备食材。他是在工作，也是在享受生活，在他身上再也看不到大律师的影子，而多了几分宁静淡然。

让任何人选择，如果仅仅考虑物质方面，肯定是当一个大律师更好。但是王强从律师的工作中再也得不到任何快乐和幸福满足的感觉，所以他最想做的事情就是成为自己，回归自己的内心，做自己喜欢并且擅长的事情，远远比做自己擅长的事情，能够得到更多的快乐。

现代社会，有太多人和王强一样，不喜欢自己正在做的事情，却为了维持生计，而不得不继续努力坚持下去。然而，这样终究不是长远之计。人生苦短，尽管需要奋斗不息，却也要注重生命的质量和品质。要记住，人生不是一朝一夕，做任何事情都要把目光放得长远一些，充实而有意义、幸福而又快乐的生活，才是值得我们用尽一生去追求的。

成为某个领域的权威人士

曾经有人提出，一个人只要在五年的时间里始终专注于某个领域，就能成为该领域的专家，如果付出十年的专注，就能成为该领域的权威人士，如果付出十五年的专注，就能成为世界顶级的学者。换而言之，在某个特定的领域，假如你投入七千三百个小时，就是专家；投入一万四千六百个小时，就是权威；投入两万一千九百个小时，就是世界级学者。但是假如你只有三分钟的热度，那么你终究会一事无成。任何人都知道，相比一个一事无成的人，专家、权威人士和学者意味着什么。毫无疑问，每一个有脑子的人都会选择成为后者。

现实生活中，很多人喜欢口若悬河，但是却常常发现听的人心不在焉，甚至对他们的话不以为然，完全是左耳进右耳出。毫无疑问，这样的人是很可悲的，因为他们虽然口干舌燥地说了很多，却毫无收获可言。相比这样的人，有些人说的话字字珠玑，每个字都有千金的分量，重重地砸在他人的心上，让他人不得不重视，也往往象征着说话的人有重要的身份和不可取代的地位。那么，我们也应该成为后者，而不要成为说话被当成空气的前者。这就要求我们必须努力成为某个领域的权威人士，这样才能如愿以偿地得到他人的重视，也缔造自己至关重要的地位。

其实，聪明的人知道，人要多听少说。唯有听得多，有真才实学，说出来的话才有分量。反之，假如一个人遇到任何事情都不假思索、滔滔不绝，那么说得多错得多，就成为不可避免的命运。对任何人而言，倾听都是聪明的选择，倾听能够帮助我们从别人的话语中吸取精华，倾听也能够表现出尊重，激励他人继续兴致盎然地说下去。倾听还是与人相处的桥梁，能够避免犯错，让我们做出更加理智的选择和决定。所以，聪明人知道，沉默能够帮助我们避免麻烦，远离麻烦，也能让我们打开他人的心扉，让他人加深了解。最重要的是，一个善于倾听的学生，必然是老师的得意门生；一个善于倾听的人，也必然成为整个世界的骄傲。

所以哪怕你并非真的是某个领域的权威或者专家，哪怕你面对一个真正的专家时意识到自己的匮乏，根本不知道该说些什么，你也可以通过倾听暂时弥补自己的不足，在一张口的时候让对方觉得与你相见恨晚。当然，这只是临时敷衍的办法。在生活和工作中，我们只有坚持学习、不断积累，才能提升和完善自我，让一切变得更加从容。

大学毕业后，秀秀进入一家公司当文员。秀秀学的是中文，因而文员的工作对她而言相对轻松，不过因为她此前并没有当秘书的工作经验，所以她初入职场，还是吃尽了苦头。诸如有段时间，秀秀在给经理整理文件的时候，总是被经理批评。秀秀尽管已经非常努力做到最好了，也无法让经理满意。秀秀郁闷极了，甚至为此打起了退堂鼓，想要辞职，重新开始。然而，有位老同事告诉秀秀："你不要只是做这些最简单基础的工作，这些都是打杂，处理不太好，经理要是不给你提出点儿意见，怎么能表现出他作为经理的地位和权威呢？你要有所长，让经理仰仗你，情况才会有所好转。否则，就算你换一家公司，情况也依然不会改变。"

听了老同事的话，秀秀恍然大悟。是啊，文员就是吃青春饭，自己不可能一辈子都当文员。想到这里，秀秀脑海中突然灵光一闪："我的文笔很好，其实可以试着为经理写发言稿，或者转行去做策划啊！"此后，秀秀一直在等待机会。终于有一天，经理得到邀请，要去行业大会上讲话，但是又担心自己临场发挥得不好，因而就在办公室里广泛征集发言稿。秀秀马上行动起来，查阅公司的资料，深入了解公司的企业文化，而且根据经理的生平，洋洋洒洒写了一篇两千多字的发言稿并被经理采纳。在大会发言时，经理得到了热烈的掌声，而且被很多前辈赞美年轻有为、才华横溢。从此以后，经理对待秀秀的态度完全不同了。

在职场上，很多人都找不到合适的位置，因而无法得到合适的机会和平台施展自己的才能，而且职业生涯的发展也受到影响和局限。尤其是那些刚刚大学毕业的年轻人，更是心比天高，好高骛远，恨不得马上成功。殊不知，每个人的成功并非一蹴而就，也不是毫无原因的。一个人唯有拥有自身的优势，用实力为自己代言，才能获得他人的认可和尊重，才能在职场上为自己赢得一席之地。

成为某个领域的权威人士，不但你的独特才华会得到更多人的赏识，而且你的话也变得极有分量，得到他人的重视和认可。然而，任何地位和身份都不是天生就有的，而是要靠着我们后天不断努力，为自己争取来的。因而，从此刻开始再也不要抱怨，而要积极努力奋进，用实力为自己代言，用权威给自己的话增加分量。

技多不压身，有技能才能走遍天下

在现代社会，每年毕业季，都有很多大学生走出校园，走入社会，因为大学生数量之多，使得大学生的含金量越来越低，大学生的头衔也不再稀缺，供过于求的局面使得大学生不再炙手可热。找工作难使很多家庭都感到非常迷惘，尤其是本身没有文化的父母，在看到孩子大学毕业却找不到工作，或者找到了工作收入还不如农民工多时，他们理所当然地想：上大学没有用，还不如直接下来挣钱呢！因此，很多农村家庭的孩子初中没读完就辍学，小小年纪就去工厂里做工，不到二十岁就结婚生子，自身生理和心理上的不成熟使得他们的下一代依然成为“悲剧”。

大学无用论，在偏僻的地方已经成为老生常谈。虽然这种观点是完全错误的，暴露出很多知识贫瘠的家庭对于学习的局限认识，但是在现代社会，真的未必只有读大学一条路可走。和几十年前孩子们要想出人头地，尤其是农村孩子必须读大学才能鲤鱼跳龙门不同，现代社会，大学再也不是唯一的教育方式，很多人哪怕走上工作岗位，只要自身有学习的欲望，也可以通过函授、自学或者继续教育等诸多方式，继续完成学业。此外，除了获得高文凭外，我们还要端正对知识的态度，毕竟一纸文凭并不代表高能力，现代社会的很多行业并不迷信文凭，而是要求人才必须有真才实学，必须有特殊的技能。因而我们再也不要盲目地追求大学文凭。对很多高考落榜的孩子而言，哪怕无缘进入大学校园接受系统的学习，也可以根据自身的情况选择学习和掌握一种技能，这样在未来走入职场的时候，才能有所长。

很多年轻人一方面觉得要努力学习，赢得高学历，另一方见面又看到那些没有高学历的同龄人已经开始挣钱，而且还有的当了爸爸妈妈，看起来也生活得不错。尤其在农村，这种情况更为普遍。其实，结婚生子是人生大事，完全不需要着急，而唯有在合适的年纪做最该做的事情，未来才能收获美好的生活。所谓一技之长，并不像大学的学习那么系统、结构庞大，而是集中所有精力，就像太阳聚焦一样，专注于对事物的研究，把小小的技能做到极致，也同样能够出人头地。

在任何领域，有一技之长的人都是值得钦佩和敬畏的。细心的朋友们会发现，很多天才其实只是在某个特定的领域有突出的表现，在大多数领域里，他们反而能力不足。例如，举世闻名的画家梵高，他的一生就非常坎坷，但是他的画作却流传千古，让无数人沉迷。再如，诗人李白，他最擅长写诗，在官场上却一事无成，终生不得志。就连大圣人孔子，能够洞察人生，却一生穷困潦倒，颠沛流离，可谓凄惨。这些人都是天赋异禀，当然，在那个时代他们也没有那么多的机会发展自己其他方面的能力。我们应该庆幸自己生在这个年代，哪怕考不上大学，挤不过高考的独木桥，也有各种各样的培训学校，可以用短则几个月长则几年的时间，着重培养我们某个方面的能力，让我们术业有专攻，绝不虚度人生。

前文我们说过，现代职场上，每个人都要有核心竞争力，才能立足。当然，这个核心竞争力可以是我们天生就擅长的事情，也可以是我们经过后天培养具备的独特能力。如今健全的教育制度，让每一个有心学习和培养自己的人，都能如愿以偿找到最佳的学习方式和途径。所以所谓的特长，也变成可以后天培养的能力。尤其是现代职场，分工越来越细致，合作越来越密切，我们只需要如同螺丝钉一样做好自己分内的工作，就能成为不可替代的角色。此外，有效的技能还如同纽带一样，帮助我们认识更多和我们同类的朋友，引领我们融入相关的圈子。在与他人相互切磋和学习的过程中，我们必然与他人实现相互促进，共同提升。如此，我们的职业发展也进入良性状态，人生必然更加充实和美好。

常言道，千金在手，不如薄技在身。这是因为哪怕有再多的钱，如果坐吃山空，也必然导致后续乏力。但是如果有一技之长，不管走到哪里，都还可以生活。人们常说“荒年饿不死手艺人”，这也告诉我们即使世事艰难，很多手艺也依然是人们生活的必须，手艺人也是有市场的。孔圣人告诉我们，“吾尝终日不食，终夜不寝，以思，无益，不如学也”，所谓活到老学到老，其实是很有道理的。如果你们现在还没有一技之长，不如赶快学习吧，虽然已经浪费了很多宝贵的时间，但是只要马上开始，总还是为时未晚的。记住：任何一件简单的事情，一旦做到极致，就是巨大的成功。

第 05 章

你还在困顿迷惑：大把的时间都去哪了

正如保尔·柯察金所说，人最宝贵的就是生命，生命对于每个人而言都只有一次。那么，在有限的生命中，我们到底要怎么做，才能把握分分秒秒的时间，活出充实而又精彩的人生，也活出属于自己的一片天地呢？很多年轻人仗着自己还年轻，总是肆意挥霍时间，却不知道时间的脚步在滴滴答答，片刻也不愿意停歇，最终就这样悄悄地溜走了。我们总是羡慕他人的成功，羡慕他人荣耀加身，却不知道在我们感到迷惘和无措时，他人正在争分夺秒地努力。不要问时间都去哪儿了，想一想自己把时间都用于做什么了，也许你更容易找到关于时间的答案。

你安逸的时刻，正是别人拼命的时刻

“门前老树长新芽，院里枯木又开花，半生存了好多话，藏进了满头白发……时间都去哪儿了，还没好好感受年轻就老了，生儿养女一辈子，满脑子都是孩子哭了笑了，时间都去哪儿了，还没好好看看你眼睛就花了，柴米油盐半辈子，转眼就只剩下满脸的皱纹了……”这首《时间都去哪儿了》原本是写给婚姻中夫妻和父母子女的一首歌，以细腻的笔触描述了老树能够再逢春，人生却一去不返的现状。的确，人生是一场没有归途的旅程，任何时候，我们都只能一往无前，哪怕再怎么后悔，时光也不会倒流，青春也不会回来。当相爱的人携手走过一生，生儿育女半生，最终却只剩下满脸皱纹，时间的确留给生命无限的感慨，使人不胜唏嘘。然而这就是生命的历程，一代又一代的人在时间的脚步中走过，走过满头青丝，走过人生的幸福美好，也走过人生的坎坷与磨难……

不仅对于父母，时间悄然流逝，其实对于每个人，时间都在滴滴答答一刻也不停歇地向前。很多年轻人仗着年轻，总觉得自己最大的资本就是有大把大把的时间，因为从来不担心挥霍时间，人生变得越来越短，反而肆意纵横，大有自己就是人生主宰的架势。实际上，时间对每个人而言都是平等的，每个人的人生都是未定的时间，每个人现有的一天都只有24小时，一分不多，一分也不少，不管是穷人还是富人，也不管是平头百姓还是有权有势的人，时间都只有这么多。时间都去哪儿了？父母的时间流逝在操持家务中，孩子的时间呢？除了养儿育女外，我们的人生之中还做了什么？当命运走到最后，我们除了那些琐碎外，又收获了什么？还记得小学一年级进入学校的情形吗？还记得大学毕业合影留念的情形吗？还记得和所爱的人携手一生的那一刻吗？还记得迎来新生命的喜悦吗？这些人生的点点滴滴，都是生命中不能忘却的记忆和怀念。当然，也有的人人生中这些琐事所占的比例很小，他们大部分时间都在学习、工作和开会，他们自从离开家走入大学校园，与父母的缘分就只剩下每年甚至每几年中为期几天或者十几天的相聚。原来父母子女一场，在时间的流逝中，渐行渐远。

时间带走了我们对父母的依恋，带走了我们的健康、友情和爱情，也带走了我们人生中原本非常值得珍惜和宝贵的一切。不要再眼睁睁地看着时间溜走，而要努力勇敢地抓住时间，成为时间的主宰，成为命运的主宰，创造属于自己的人生。也不要人云亦云，盲目与他人攀比或者比较，毕竟人生短暂，我们不是追风的人，我们所要追求的是自己的生命。任何时候，都要遵从自己内心的选择，任何时候，都要相信我们可以做到主宰生命。

作为一家广告公司的负责人，丝丝自从大学毕业后回家的次数就越来越少，回家的时间也越来越短，渐渐地居然连给父母打电话的时间都没有了。每当夜深人静拖着疲惫的身体回到家里，丝丝累得连说话的力气都没有了，好几次都是妈妈深夜十点多打电话给她，妈妈也知道她经常要到深夜才下班。妈妈当然很心疼宝贝女儿，也几次提出让丝丝回到家乡工作，每天朝九晚五，生活悠闲而又惬意，但丝丝却总是不甘心，觉得自己既然在上海上大学，就理所应当留在上海工作。

今年的“十一”假期与中秋节重合，有八天假。为此，妈妈早早就打电话预定丝丝的假期，让丝丝回家过中秋。丝丝也知道自己从春节到现在都没有回家，每到过节，家里只有爸爸妈妈两个人，非常冷清。因而丝丝答应了妈妈的要求，也开始利用休息时间购买礼物，准备带回家。但是临近国庆，公司突然接了一个大项目，要求所有人员不得休假，全部按照每天三倍的薪水发放工资，全体加班。其实，丝丝如果想回家，当然还是能找到理由的，但是一想到八天的假期就能挣到一个月的工资，她不由得怦然心动：“算了，买些东西寄给爸妈，我还是多挣点儿钱好孝顺他们吧！”当给妈妈打电话说起不回家的事情时，丝丝明显感觉到妈妈语气中的落寞。不过妈妈没有说什么，只是叮嘱丝丝过节去饭店吃，不要亏待自己，就挂断了电话。直到春节回家，丝丝看到妈妈已经瘦得没了人形，才知道妈妈半年前得了乳腺癌，手术之后一直都在化疗。丝丝埋怨妈妈为何不告诉她，妈妈说：“你工作那么忙，不想让你分心啦。”丝丝泪如雨下。如果她国庆节回家，那个时候正是妈妈手术完第一次化疗的时候，是她为了所谓的工作，完全舍弃了亲情。

时间都去哪儿了，不要等到“树欲静而风不止、子欲养而亲不待”的时刻，才猛然醒悟时间已经悄悄溜走了，也不要等到自己的人生过半，才意识到原来生命中最重要的是什么。对每个人而言，生命都是弥足珍贵的，不要只会用那些词语来形容时间的流逝，而要深刻意识到时间真的就在分分秒秒中一去不返。

与其感慨时间的悄然流逝，不如珍惜时间。如果你想要获得工作上的成功，就拼尽全力地工作，但是一定要提高工作效率，意识到生活与工作同样重要，甚至比生活更重要，这样才能避免犯本末倒置的错误。如果你更热爱生活，珍惜家人和朋友，那么就把工作作为一种谋生的手段好了，更多地享受亲情、友情与爱情。不要像寒号鸟一样企图用哀嚎留下时间，我们唯有与时间赛跑，才能紧紧抓住生命中的每一个今天，绝不错过一分一秒。

遵守时间，才能赢得更多朋友

鲁迅先生曾经说过，浪费别人的时间，等于谋财害命。的确，时间是生命的组成部分，对任何人而言，时间都是非常宝贵的。一个人要想把握生命，就必须把握时间，争分夺秒地利用好每一分每一秒的时间，才能成为时间的主人，成为生命的主宰。转眼之间，距离玛雅人预言的2012年是世界末日，已经过去了五年。曾经使很多人都深感惶惑和惊恐的2012年，就这样悄然远走。世界末日没有如期到来，人类依然好好地存在于这个世界上，但是由此引发的对于生命的思考，却从未停止。虽然世界没有在2012年毁灭，但是世界随时都有可能毁灭，就像一个活蹦乱跳的人随时有可能因为各种各样的原因从世界上离开一样。要想人生没有遗憾，我们就要把每一天都当成生命中的最后一天，今日事今日毕，珍惜身边的亲人和朋友，珍惜生命中的点点滴滴。尤其是在与其他人相处的时候，我们更要遵守时间，不但珍惜自己的时间，也珍惜他人的时间，这样才能以守时的良好品质赢得更多的朋友。

原本，中国人在传统上对于时间的概念是比较模糊的，对于守时没有那么精确。但是，随着时代的不断发展，现代社会已经与国际接轨，因而守时不但是一种人际相处的礼貌，更是具有高尚品质的象征。在职场上，守时更是作为职业道德的标准，受到合作伙伴、同事甚至上级领导的评判。可以想象一下，一个求职者如果在面试的时候迟到了，哪怕他再优秀，面试考官也会对他有不好的印象。对求职者而言，也许是出现意外情况耽误了一小会儿，但是面试官却能看到他因为对事情没有好的规划，以及对可能发生的情况没有预期和预案，所以会对他“刮目相看”。毕竟工作是严肃的事情，不可能因为一些小小的突发情况就改变原计划。而一个连面试都能迟到的人，如果不是发生不可抗力，可想而知他在未来的工作过程中也必然意外频现。所以一旦迟到，求职者很有可能根本没有解释的机会，就被淘汰掉了。

现代社会，快递业务非常发达，尤其是很多当时达的快递，更是对快递人员的时效性提出了很高的要求。记得前段时间北京下大雨，在网页上看到一则新闻，说送餐快递小哥的原计划道路被大水淹没，无法骑车通过，为此快递小哥不得不放弃电动车，举着餐食蹚水过去，只为了给顾客把餐食准时送达。不得不说，这个快递小哥非常敬业，当然在看到这样的新闻时心里也觉得很难过。如今有了快递送餐业务，的确对那些宅男宅女而言，生活变得更加便利。但是在遇到特殊情况时，作为消费者，我们也要多多体谅风里来雨里去的快递小哥。每个行业都有每个行业的艰难，唯有心怀宽容、与人为善，我们才能得到同样的对待。当然，这是特殊情况，如果我们作为送餐的快递人员，哪怕天气情况非常恶劣，我们也要尽量争取准时送达。

作为举世闻名的哲学家，康德是一个非常严谨的德国人，而且特别遵守时间。1779年，康德写信给住在柏芬小镇的朋友威廉先生，说自己将会于3月5日上午11点之前到达威廉先生的家里，登门拜访。对于康德的即将到访，威廉先生当然非常欢迎，因而当即回信给康德，说自己恭候大驾。

为了准时于约定的时间到达威廉先生的家里，康德提前一天来到柏芬小镇住下。休息了一晚之后，他次日清晨早早起床，乘坐提前租好的马车赶往威廉先生的家里。威廉先生的家距离小镇还有一段距离，而且要想到达威廉先生的家，必须经过一条河流。当然，河上是有桥的，只是出乎康德的预料，他们的运气很不好，等到车夫驾车来到小桥边时，因为年久失修，桥已经坏了，根本无法供车辆通行。康德亲自查看桥的情况后，知道的确无法继续前行了，尤其是河水很深，水流湍急，一旦掉落桥下，只怕性命堪忧。当时，已经十点多了，如果绕行，那么康德必然迟到。思来想去，康德决定去附近的农舍想办法解决。他问农舍的主人：“您的农舍愿意卖吗？”农舍主人很惊讶，说：“我的农舍年久失修，根本没有价值啦。请问，您要买我的农舍做什么呢？”康德说：“你别管这么多啦，你要是愿意卖，就告诉我价格。”就这样，农舍主人提出200法郎的高价，康德一口答应，农舍主人喜出望外。随后，康德又对农舍主人说：“假如您愿意从这所房子上撤掉一些木材，把桥修理好，我愿意把剩下的房子还给您。”听到天底下居然有这样的好事，农舍主人马上喊来自己的儿子，然后他们父子俩齐心协力，用从房子上拆下来的粗壮木材，把桥进行了加固。就这样，马车平安通过修好的桥，在10∶50的时候，准时停在威廉先生的家门前。

威廉先生看到康德，觉得很高兴，康德丝毫没有提起发生的事情，高高兴兴地和威廉先生相聚。后来，威廉先生从农舍主人那里得知事情的始末，深受感动，特意写信给康德，在信上告诉康德，朋友相聚即使晚一些也没有关系，况且路途遥远，难免会发生意外的事情。然而，康德却坚持认为，哪怕对于熟悉、亲密的老朋友，也必须守时。

守时，是一种美德，也是对他人的尊重。遵守时间的人往往都很珍惜自己的时间，也非常珍惜他人的时间。当然，守时的人也更容易得到他人的尊重和认可。尤其是在现代职场上，每个人的时间都很宝贵，我们不管与任何人打交道，都要坚持守时的原则。

人们常说，时间就是生命，时间就是金钱，由此可见，大家都知道时间的重要性。有些朋友不习惯戴手表，实际上为了帮助自己更好地遵守时间，佩戴手表是完全有必要的。此外，如今手机已经普及，对于重要的事情做一个备忘录，也很方便。不要给自己的不守时找任何借口，因为当你的态度足够重视，而且你也的确是一个守时的人，你就不会随随便便迟到。守时，从某种意义上说也是做人的原则，更是一种高贵的品德。今天，你守时了吗？

时间的脚步啊，永远也不停歇

细心的朋友们会发现，大多数成功者人生的节奏都很快，他们的时间利用率很高，恨不得把一天当成两天用，而且他们绝不随随便便地就停歇下来，总是坚持不懈地努力，就算遭遇失败，也马上吸取经验依然砥砺前行。而失败者呢，一旦遭遇小小的坎坷和挫折，就马上备受打击，恨不得找个地缝钻进去，或者对人生完全失望。这样的沉沦，毫无疑问是在浪费时间。

生活如逆水行舟，不进则退，大多数情况下，哪怕我们停止了前进的脚步，但是时间却滴滴答答分毫也不停歇。这样的过程中，我们当然丢失了时间。所以朋友们，每个人都有权利决定自己是继续前行，还是停下脚步，但是时间却不会停下脚步等我们。只争朝夕的人，才能真正把握生命，获得成功。

人们常说，时间不等人，也正是这个道理。随着时间的流逝，事情的发展不断变化，日新月异，因而当时当刻可以做的事情，一旦错过了最合适的时机，也许就不再具备真正去做的条件了。所以鲁迅先生说，浪费自己的时间相当于自杀，浪费他人的时间相当于谋杀。这一切都告诉我们，时间宝贵，片刻都不能浪费。喜欢看《西游记》的朋友们会发现一个有趣的现象，即每次那些妖怪们抓到唐僧，小妖们都等着吃唐僧肉，但是大王却说等，结果唐僧被孙悟空救走了，妖怪们也都一命呜呼了。当然，这是作者各种观点在书中的折射，邪不压正，投射出积极正向的能量，却也从侧面告诉我们，凡事都要趁早，才能有好结果。否则，一旦贻误最佳时机，就会导致一切都很被动。

月霞在一家二手房经纪公司工作，她是个非常优秀的业务员。然而，常在河边走，没有不湿鞋的。月霞为了晚上有个好睡眠，每天到十点钟就会关机睡觉。早晨则是八点起床才开机。有一天，月霞早晨一开机，就发现七点多的时候手机上有个未接电话，做业务的人对于电话等信息总是异常敏感，因而月霞赶紧回电。果然，对方就是一个要买二手房的客户，月霞赶紧深入了解信息，但是客户说："我已经和你们公司另外一个女孩子联系上了，八点半的时候，她会带我们去看房。"月霞有些沮丧，问了女孩的名字，发现是和自己一家门店里工作的新人。月霞很想把客户争取到自己这边，但是客户说："既然我已经联系了别人，而且小女孩也帮我联系好几套二手房了，等我看完之后，如果有需要再联系你吧。"被客户委婉地拒绝，竞争对手又是本店的同事，月霞觉得希望渺茫。

果然，新人女孩非常给力，一上午带着客户看了好几套房子，客户看中一套之后，就开始出价。经过一天的斡旋，客户与业主成交。从此以后，月霞睡觉的时候再也没关过机，连静音都不调了。

很多时候，机会都是转瞬即逝的。客户先给月霞打电话，如果月霞能接到电话，相信以她的业务能力和水平，一定能够牢牢把握客户，很快就能成交。对月霞而言，这也是一个深刻的教训。当然，充足的睡眠对工作量大的人而言，也是很有必要的。所谓工作与生活之间的关系，还是要靠个人根据自身的情况去调整和选择。不过，机会转瞬即逝的教训我们必须吸取，也能够在生活和工作中更加牢牢地把握机会。

拖延不但会耽误宝贵的时间，也会让我们错失良好的机会。任何时候，只要想到了就马不停蹄地去做。我们唯有勇敢地迈出人生的第一步，才能一往无前，跑在时间前面，成为人生的引领者。

你与成功之间隔着一万小时

现代社会进入快捷时代，人们不管做什么事都讲求速度和效率，包括对待成功，能够潜心下来创造成功的人越来越少了，大多数人恨不得一蹴而就获得成功，成功不会从天而降。哪怕我们仰慕和羡慕的那些成功者，在光环背后，也同样付出了长期而又巨大的努力，才能得到今日的成就。

加拿大作家格拉威尔在他的畅销书《异教》中提出，大多数人眼中天赋异禀的天才，实际上并非天生就有独到之处。他们之所以能够获得成功，只是因为他们具有坚韧不拔的意志力，能够持之以恒地付出。格拉威尔还告诉人们，任何人只要付出一万个小时的努力，就有可能变得与众不同，也有可能拥有精彩绝伦的人生。

一万小时？听到之时，成功也没有那么难嘛。然而细细想来，一万个小时并非短暂的时间。换言之，假如你每天都抽出三个小时做自己喜欢的事情，或者从事自己喜欢的工作，那么要到十年之后，你才能获得成功。除了格拉威尔外，匈牙利的一位心理学家也主张“一万小时定律”。他觉得，每个人只要能够坚持付出一万个小时的努力，就有可能出类拔萃。为了验证自己的想法是正确的，他开始培养自己的三个女儿在国际象棋方面的发展。实际上，他的女儿在国际象棋方面并没有天赋，而且也并不喜欢国际象棋。然而在父亲的督促下，最终三个女儿全都成为国际象棋大师，她们就是闻名世界的波尔加三姐妹。事实告诉我们，天赋和兴趣也许会辅助我们获得成功，但是却并非成功的必要条件。哪怕对于自己不感兴趣也不擅长的领域，在经过一万个小时的努力之后，我们也会如愿以偿地获得成功。由此可见，成功很大程度上取决于努力和坚持的程度。

古代社会，人们不管做什么事，总是强调“吃得苦中苦，方为人上人”。殊不知，现代社会发展至今，苦已经不是人们辛勤付出的唯一标准，如果能够以快乐的方式坚持下去，完成一万个小时，同样也能获得让人瞩目的成就。所以朋友们，不要再觉得自己资质平庸，也不要一味地抱怨现状，唯有坚持不懈地努力，我们才能改变人生，主宰命运。

张薇是个超凡的女强人。她刚刚出道的时候资质平庸，并没有独特的天赋或者超强的能力，但是她却非常努力，而且有着决绝的精神。正是因为这样的一如既往，不管遇到多么艰难的情况都绝不退缩，她才有了今日的成就，得到了无数同行的钦佩。

虽然每天的工作已经非常辛苦了，但是张薇三百六十五天雷打不动地不管下班多么晚，都会抽出两个小时坚持写作。正是这看似不起眼的两个小时，积少成多，最终让张薇在十年的时间里，除了五本书外，还有了自己的公众号和微博平台，圈粉无数。其他和张薇一样度过职场十年的人呢，不但工作上没有张薇出色，而且工作之余毫无收获。

不得不说，张薇的成功来自于她的努力。她用亲身经历告诉我们，唯有坚持付出，才能创造奇迹。现实生活中，很多人抱怨自己的努力没有得到回报，其实不用着急，问问自己是如何努力的，问问自己是否已经坚持了一万个小时，或者至少不间断地坚持了五千个小时。所谓量变引起质变，这样你才有资格索求回报，才能够让人生变得与众不同。

常言道，世上无难事，只要肯攀登。人人都有梦想，之所以有的人距离梦想越来越近，有的人与梦想渐行渐远，就是因为在这个梦想泛滥的年代里，真正能够坚持实现梦想的人并不多。当然，“一万小时定律”并非就是一万个小时，根据不同的情况，也许是五千个小时，也许是两万个小时。所谓的一万小时，只是告诉我们一个深刻的道理，实现梦想需要长情的告白，需要永恒的坚持，做到这一点的人，才能有所收获，才能让人生腾飞！

选择了远方，就要风雨兼程

记得小时候上学，几乎每天离开家，父母都要叮嘱我们上课认真听讲，下课认真完成作业，千万不要开小差；也记得在离开大学校园走入工作岗位的时候，父母也不停地教导我们，工作上不要吝惜力气，一定要不遗余力成就自己的事业，这样未来的人生才能过得更好。在工作中，我们被领导要求注意细节；在生活中，我们被爱人提醒要比得过隔壁老王……其实，不管是父母还是同事、领导，以及爱人，他们都是我们生命中至关重要的。从他们的字字句句，从他们的殷切眼神，我们可以感受到他们的期望和渴盼。

很多朋友都说，到了21世纪，一切都进入速成时代，很少有人能够真正静下心来做事，大多数人都迫不及待想要获得成功，甚至因此走弯路，走捷径，总而言之，尝试各种他们认为能够起到良好效果的方法。殊不知，老祖宗留下一句话：欲速则不达。在这个世界上，万事万物的发展都有其自身的规律，如果我们非要打破规律，那么结果也必然不能尽如人意。所以不要只想着成功，而要想着成功的道路漫长而又坎坷，我们怎样才能风雨兼程地抵达目的地。

现代社会，由于资讯的时效性越来越强，使得我们几乎可以足不出户，就能知道天下大事。因此我们看到，不是这里的高楼歪斜了，就是那里的地基垮塌了，对于供人们生活和居住的场所建设，大家尚且如此不用心，可想而知，社会上的浮夸风气有多么严重。古人云，一屋不扫，何以扫天下。虽然生活中很多日常用品都变得方便快捷，但是需要时间历练才能出现的品质，永远不会屈服。诸如，在酱油发酵的过程中，正常的发酵速度很慢，有些酱油厂家为了提高效率，降低成本，就在酱油发酵的过程中加入酵母，以提高效率。不得不说，这样的速成法酿造出的酱油虽然也不错，但是与真正的发酵酱油相比，口感还是差远了。所以不要抱怨人生中收获迟迟不来，而要问问自己是否已经全力以赴，在人生的路上奋勇向前。哪怕人生只剩下一小段路，或者年轻人正处于人生开始的时候，也不要懈怠。有所收获的人生，必然是始终用心的人生；绚烂美丽的人生，必然是用心走过的旅程。

有位老木匠年纪已经很大了，为此，他决定告老还乡，回家守着妻儿过日子。老板不舍得这个已经跟了自己一辈子的老木匠离开，因而恳请老木匠在离开之前再建造一座房子。老木匠当然愿意啦，毕竟一辈子的手艺就要丢下了，他也想给自己画上一个圆满的句号。

然而，在建造房子的过程中，老木匠因为盼望着早日回到家里与妻儿团聚，始终无法静下心来建造房子。与他以往的作品相比，这座房子看起来也不错，但是内在的品质却差了很多。老木匠刚刚建好房子，就让老板来验收，不想，老板却拿着钥匙给老木匠，说："你一辈子都兢兢业业地帮我干活，虽然我也付给你薪水，但那是远远不够的。这套房子，是我给你的退休礼物，你可以把在农村的妻儿接过来，一起生活。"老木匠听到老板的话，懊悔不已，原来他一生之中认真努力地建造房子，最后却给自己建造了一座粗制滥造的房子。

生活中，很多人都和老木匠一样，只不过老木匠是因为要退休，所以没有站好最后一班岗，而很多人则自始至终都对工作漫不经心，明明有十分力气，却只使出了七八分，导致自己一生之中都很被动，也毫无收获。

大多数人的心里都有着一座粗制滥造的房子，看完这个故事之后，你们是否也深有感触呢！从现在开始，再也不要对生活敷衍了事，既然选择了远方，哪怕路途遥远，我们也要风雨兼程，到达人生理想的目的地。大多数成功人士，都是能够朝着目标全力以赴的人，所以他们才能在遭受多重打击的情况下，依然无怨无悔，初心不改。我们与其抱怨运气不好或者不公，不如先反思自身，弥补自己的不足。每天清晨起来时，不妨告诉自己：我今天要全力以赴地奔向人生目标！相信日久天长，当态度转变时，我们的人生将会效率倍增，我们的命运也将会完全不同。

第06章

寂寞不该是焦灼：庆幸生命中那段孤独的时光

每个人的人生都不可能是一路繁华、一路欢歌。总有些时候，在喧嚣过后，我们会陷入无边的沉默；在众人的簇拥之后，是我们对酒当歌的寂寞身影。人是群居动物，但是人的心从根本上来说是寂寞的。寂寞是人无法逃避的宿命，也是生命的真实面目之一。所以面对寂寞，千万不要焦灼不安，而要放缓生命的节奏，停下生命的脚步，用心去享受这段生命中难得的孤独时光。

寂寞，是与自己对话的契机

在这个世界上，绝没有两片完全相同的树叶，也没有两个完全相同的人。每个人都是独一无二的存在，有自己的思想和意识，有自己的理想和梦想，也有自己对待人生的态度。因此，有人喜欢热闹，喜欢自己身边前呼后拥、人流不断；有人喜欢清静，喜欢安安静静地一个人独处，与自己进行灵魂的交流。因为对于生活的理想状态标准不同，追求也不同，所以人们习惯了抱怨。喜欢热闹的抱怨朋友的背弃，喜欢安静的恨不得逃离尘世的喧嚣，走到无人之境自在独行。贾平凹有本书，名字就叫《自在独行》。封面是在雾茫茫的大地上，一个人踯躅前行的背影。那个人的身材并不挺拔，甚至还有些佝偻着背，但是他前进的姿态非常坚定，似乎不会为了人生中各种千奇百怪的理由有片刻驻足或者停留。看得出来，这是一个老者，然而他在人生的路上并不寂寞，因为他一定在与自己的内心对话，在带着自己的灵魂寻找生命的奇迹。

在《人间词话》里，王国维说："古今之成大事业、大学问者，必经过三种境界：'昨夜西风凋碧树，独上高楼，望尽天涯路'，此第一境也；'衣带渐宽终不悔，为伊消得人憔悴'，此第二境也；'众里寻他千百度，蓦然回首，那人却在灯火阑珊处'，此第三境也。"第一境界告诉我们要拥有一颗敢于寂寞的心，第二境界告诉我们要不懈追求，第三境界告诉我们唯有经历寂寞和坚持不懈地付出，才能迎来最终的成功。人生也有如王国维所说的这三个境界，而耐得住寂寞，恰恰是第一境界。现代社会，大多数人都变得非常浮躁，根本不愿意坚守寂寞，也无法适应快节奏的生活，因而变得很迷惘，根本不知道要何去何从。又因为生活的巨大压力，导致人们急于应付生存的各种困境，所以为了一些蝇头小利，就忘却初心，不再牢记自己的梦想和理想。如此半途而废的人生，可想而知最终必然碌碌无为，毫无收获。

大学毕业后，张杰没有回到农村老家，而是选择留在大城市打拼。他很顺利地找到一份工作，薪水虽然不高，但是供给他自己衣食住行绰绰有余，这也算是勉强在大城市生存下来了。然而没过多久，家里就传来消息，说张杰的父亲不小心摔倒了，导致腿骨骨折，也许要卧床半年。孝顺的张杰一下子想起自己那个一贫如洗的家，想象着父亲躺在床上唉声叹气，母亲则只能坐在地上掉眼泪。家里遭遇变故，张杰一下子不淡定了。他很想马上就给父母寄出一笔钱，让父母虽然身体上受罪，但却不至于没钱医治而备受煎熬。然而，张杰每个月的收入有限，哪怕省吃俭用，一个月也只能节省千八百块钱，这对家里而言完全是杯水车薪。无奈之下，张杰只好一边找薪水更高的工作，一边对现在的工作敷衍了事。很快，原本做事认真努力的张杰在工作上错误频出，上司也意识到他的工作状态出了问题。

一天，上司特意找张杰谈话："张杰，你进入公司之后在工作上表现一直很好，但是近来你的工作状态明显不好，你是不是应该反省自己啊？"张杰精神紧张，导致情绪也不太好，因而毫不掩饰地说："领导，薪水实在太少了。"听到张杰的话，上司误以为张杰是在故意消极怠工，因而很不高兴："薪水少，你可以对公司提出要求，但是不要让工作质量打折扣。如果公司的解决方案不能让你满意，你也可以选择辞职，但是你现在这样的做法肯定是不合适的。”张杰意识到自己的说法让上司误解了，因而赶紧解释：“领导，其实我自己一个人，薪水少些也能对付过去，毕竟我刚刚毕业不久，经验也不足，并没有给公司做出特殊的贡献。不过，我最近真的着急用钱，我父亲摔断了腿躺在床上，我又没钱给他看病。”听到这里，上司恍然大悟，说：“如果你真的急需用钱，按照你以往的工作表现，公司是可以预支给你1万元薪水的。但是此后要从你工资里扣除，每个月扣掉一千块钱。”上司的话让张杰一下子看到了希望，他马上反省自己不该对待工作三心二意，而且对上司千恩万谢。

后来的日子里，因为每个月都要还债，张杰在工作上更加努力，再也不开小差了。由于张杰在工作上表现出色，上司还破格给张杰加薪，极大地缓解了张杰的压力。

每个人在人生中，都会遇到困顿的时候。原本张杰可以脚踏实地地工作，却因为家庭的意外变故，导致心绪不宁。幸好上司很爱才，知道张杰是位勤奋努力的下属，因而帮助张杰解决了难题，留住了张杰的人，也收回了张杰的心。此后，因为全心全意地工作，张杰在工作上有了特别突出的表现，还得到了加薪，可谓圆满。

和张杰不同，现代社会很多年轻人生活稳定，但就是不愿意静下心来工作。在职场上，他们总是好高骛远，丝毫不愿意脚踏实地、一步一个脚印地走好职场之路。年轻人要想立足职场，只有高学历是远远不够的，唯有勤奋刻苦、甘于积累，才能最终为自己赢得人生的资本，获得人生的通行证。

对自己有信心，把板凳坐穿

很少有人喜欢寂寞，更很少有人能够耐得住寂寞。时代的发展、社会的浮躁，使得每个人的心都躁动不安，不管是对待生活还是工作，都想获得一蹴而就的成功，从而让自己出类拔萃，与众不同。然而，这个世界上从来不会天上掉馅饼，更没有无缘无故的成功。任何人，要想获得成功，就必须对自己有信心，更要耐得住寂寞，哪怕处于人生的低谷，也依然坚持不懈，这样才有可能得到人生的青睐，如愿以偿地获得成功。

耐得住寂寞的人，往往是对自己信心十足的人，也是对人生胸有成竹的人。他们面对人生的难题从来不会惊慌失措，更不会慌张地逃避。他们知道，寂寞是人生的一种历练，也是应对人生的智慧，更是执着于人生的表现。人只有耐得住寂寞，才能在喧嚣的社会生活中认清楚自己，找到属于自己的位置，也才能在遭受一时的误解时不慌乱、不迷惘。毋庸置疑，一个心浮气躁的人也许看起来很忙碌，对自己有信心，实际上他们的内心是空虚的，他们根本经不起生活的大风大浪。

很多喜欢看球类比赛的人都清楚，在各种球类比赛中，除了那些在赛场上挥汗如雨的运动员外，每个球队都会有几个替补队员在候场。因为这些替补队员出场的机会并不确定，甚至有的时候整场比赛都没有机会出场，因而人们又形象地称呼他们为“板凳队员”。这个称呼惟妙惟肖，的确，这些替补队员在其他队员奔跑于赛场上时，始终坐在板凳上。然而，对于这些替补队员而言，他们真的很热爱球类运动，因而哪怕坐在板凳上参加比赛，他们也是球队的一员，也是不可或缺的。因而他们就这样在焦急中等待着上场的机会，一旦他们放弃等待，就完全失去了上场的机会，那么对于球类运动的热爱也会彻底终止。要想成功，就要耐得住寂寞，就要对自己有信心，哪怕把板凳坐穿，也要为自己争取到机会。

常言道，是金子总会发光。很多朋友在付出之后，一旦得不到收获，马上就会质疑自己的坚持是否有意义，甚至完全放弃努力。试问，假如爱迪生在发明电灯时，试验了几种材料，经历了几次失败，就不再尝试，那么人类还能顺利进入光明的时代吗？也许最终还是会得到光明，但是时间却要推迟很久。正是爱迪生的坚持，在发明电灯的过程中试验了一千多种材料，进行了六千多次实验，电灯才能问世。在助手因为实验再次失败感到无望的时候，爱迪生还安慰助手："没关系，我们至少知道了这种材料也不适合做灯丝。"如此乐观积极的态度，帮助爱迪生成为举世闻名的发明大王。所以说，不要抱怨没有收获，也许只是因为你的努力还不够，成功的契机还没有到来而已。

对"华为"而言，刘骁洋是一个很重要的人物。当初，作为博士的他初入"华为"，正赶上"华为"提倡让博士下到工厂进行实地锻炼。他没有任何反对意见，就在实习结束后，听从领导的安排，去亲身体验电磁元件的生产工作。对此，刘骁洋有些心里犯嘀咕，要知道对他的学历和能力而言，电磁元件简直就是小儿科，领导也涉嫌大材小用。

疑惑归疑惑，刘骁洋知道自己哪怕学历再高，也要听从领导的安排。然而，没过多久，公司的产品就出现性能不稳定的问题，频繁遭到客户投诉，甚至因此蒙受了巨大的经济损失。这时，已经坐冷板凳三个月的刘骁洋突然走入大家的视野，原来研发部门的领导点名让刘骁洋负责解决问题。

就这样，刘骁洋在公司里一路绿灯，全公司上上下下的人都要配合他的工作。经过反复试验，刘骁洋终于找到了问题所在，而且用短短的两个月时间就把电磁元件的故障率从高达18%下降到零。仅此一项，每年可以为公司节省上百万的成本，可以说，他是华为的大功臣。正是这件事情之后，刘骁洋知道了公司领导的良苦用心，意识到公司领导并非让他坐冷板凳，而只是让他做好准备，在危难之际担当大任。

大博士都能服从安排去做电磁元件，我们作为普通人，又为何不能从最简单基础的工作做起，让自己渐渐变得更加专业，积累更多的工作经验呢？当然，刘骁洋对于工作也是存在误解的，可取的是他没有那么浮躁，因而能够把工作做到最好。

曾经有革命志士说，要把牢底坐穿，以此表达他们坚定的信仰。现在我们也要说，要把“冷板凳”坐穿。在展示出自己的真才实学之前，我们唯有谦虚低调、用心学习，才能不断充实和提升自我，完善自我，让自己成为人生真正的强者。记住，耐得住寂寞的人才能取得成功，把板凳坐穿的人终有一日会让人刮目相看。

把握今天，充实度过人生的每一天

海上的风浪有波峰，也有波谷。当处于波峰之上时，我们仿佛到达人生的巅峰，也如同站在高山之巅，一切看到的、听到的，都觉得非常新鲜。然而如果是在人生的波谷，我们必然沉沦下来，既不为人所知，也对自己信心全无。实际上，固然无限风景在险峰，但是处于人生谷底的我们也同样会有所收获。例如，司马迁在遭受宫刑后，于狱中完成了《史记》，被后人称为“史家之绝唱，无韵之离骚”，得到了至高的评价，他也因此名垂青史，为后人所铭记。现代的，例如刘晓庆，曾经因饰演武则天而名噪大江南北，红极一时，后来却因为偷税漏税锒铛入狱，在监狱中度过了一年半的时间。对一个当红的女演员而言，这个打击简直是致命的，但是刘晓庆毫不气馁，而是让律师为自己准备了很多之前想看却没有时间看的书。在狱中的每一天，她都坚持锻炼身体，保持身材，提升身体素质，同时也多多读书，丰富和充实自己的心灵。正是这样的坚韧不拔，使得刘晓庆出狱进行体检时，她的身体比此前任何时候都更加健康、充满活力。抛开刘晓庆为何入狱，她这种对待生命的态度就值得我们每一个人学习。

寂寞时分，对每个人而言，最可怕的就是自暴自弃。要知道，人生并非是活给别人看的，唯有我们自己才是生命的主宰，要不遗余力地活出个样子来给自己看。就像很多女人喜欢化妆一样，她们之中有些女人只有在工作需要或者要出门会客的时候才化妆，但是有些女人不管出门还是自己一个人在家，都会给自己化淡妆，从而把自己打扮得赏心悦目，愉悦自己。常言道，女为悦己者容，如果女人能够做到为自己而容，显然是更成功的，也拥有强大的内心。

不要再抱怨命运不公，不要再吐槽领导多么不近人情。与其浪费宝贵的时间进行毫无意义的抱怨，不如珍惜时间，努力充实自己，把每一天都过得如同生命中仅有的一天。唯有坚持活在当下的人生态度，我们才不至于因为人生的诸多苦恼而自暴自弃，也才能拥有强大的精神力量，继续在艰难的人生道路上一往无前。

大学毕业后，卡拉到一家出版社当编辑。原本，对女孩而言，在报社里工作是很适宜的，风不吹雨不淋，从事的是脑力劳动。因而，很多人都羡慕卡拉运气这么好。但是一年之后，卡拉却辞职了。原来，编辑的工作非常琐碎，对刚刚毕业的卡拉而言，只有大学文凭并不能帮助她做好编辑的工作，所以她只能当一个小编辑，经常因为各种各样的大错误和小错误，被主编批评。虽然家人和朋友都劝说卡拉要主动学习，熬过这比较艰难的几年职场适应阶段，但卡拉却很任性，她觉得自己完全可以找到更好的工作，也会遇到真正赏识自己的人。

从出版社出来后，卡拉进入一家图书公司工作。才几个月，她就为自己冲动地辞职懊悔不已。原来，图书公司属于出版社的下游单位，卡拉不但面临着此前的窘境，而且失去了在出版社里良好的发展平台。

当在职场上遇到问题时，换工作从来不是解决问题的好办法。虽然每个人都希望自己的人生一步到位，但是实际情况却告诉我们，任何事情的发展都要遵循一定的规律，职场上也是如此。哪怕心比天高，我们也要脚踏实地从最基本的工作做起。就像人们常说的，不想当将军的士兵不是好士兵，同样的道理，当不好士兵的士兵永远也不可能成为将军。不要再怨声载道，从现在开始就不遗余力地努力吧。要想拥有美好的明天，我们就必须把握好今天，全力以赴地过好每一个今天。

笑到最后的人，才笑得最美

人这一生，要走过漫长的时光，或者悲痛，或者欢喜，或者感慨，或者无奈。每个人都是这个世界上独一无二的存在，每个人对于人生都有自己特殊的感悟和体验。人生弹指一挥间，在蓦然回首的时候，我们才会发现不知不觉经历的那段岁月，已经成为人生中最不可忘记的历史。它或者烙印在我们的心里，或者验证在我们的生命历程中，或者出现在我们的梦中不管过去是辉煌还是衰败，都不要因为过去而懊悔，毕竟凡事一旦发生就成为不可更改的历史，唯有把握今天，活好当下，才能创造人生更美好的未来。

很多人，人生顺遂如意，就“春风得意马蹄疾”，人生稍有不顺，就如同霜打的茄子一样蔫头耷脑。一次的成功或者失败，在人生之中根本不代表什么，更决定不了漫长人生的未来。唯有保持始终平和淡然的内心，我们才能宠辱不惊，“闲看庭前花开花落”，去留无意，漫随天外云卷云舒，从容洒脱笑看人生。

林丹是一家医药公司的销售代表，负责去各个医院推销公司里的药品和医疗器械等。每个认识林丹的人，都会感受到她的积极热情，也会被她的乐观所感染。在公司里，林丹也是销售业绩最好的。

有一次，林丹去一家医院找主任医师赵明推销药品。赵明一开始很反感林丹，总觉得从事医药推销的女孩都有些阿谀奉承的意味，因而不管林丹对他说什么，他都仿佛没听见一般，给林丹的永远只有两个词——“谢谢，再见！”林丹几次碰壁，换作旁人，也许早就放弃了，但是林丹没有。又一次去拜访赵明时，林丹说起自己的经历。原来，林丹从小家境贫困，在高考的时候，她的成绩非常好，足够上名牌大学，但是因为父母实在无力供养她，又加上她当时连家乡都从未离开过，所以她根本不知道还有什么助学贷款，等等。就这样，林丹放弃了上大学，后来和村里的小姐妹来到大城市。最初，她和小姐妹一起在工厂里的流水线上干活，后来老板发现她居然是高中毕业，因而提升她为领班。随着时间的流逝，林丹渐渐意识到自己不能在流水线上过一辈子，因而决定报名参加一个函授班，提升学历。经过两年的艰苦学习，她获得了大专学历。拿到毕业证的当天，林丹就离开工厂，开始寻找新的工作。她做过很多销售工作，诸如推销化妆品、保健品，也卖过保险，最后才来到医药公司成为销售代表。刚开始，一个毫无背景和经验的女孩，要想成功推销出去药品，可想而知有多么难。但是林丹从未放弃过努力，她不止一次地告诉自己：别人能做到的，我也能做到。直到半年多，林丹才成功推销出去一批药品，天知道她在颗粒无收的半年时间里，每天晚上住在昏暗的地下室，几乎一日三餐都是馒头就着咸菜，付出了巨大的毅力才能坚持下来。经历过最糟糕的情况，林丹在工作中几乎如履平地，再也不会因为小小的挫折和坎坷而感到沮丧绝望了。怀着这样坚韧不拔的精神，她才有了今日的成就。听完林丹的讲述，赵明感到非常震惊，他从未想到这个浓妆艳抹的女孩，居然有着如此不堪的过去和坎坷的人生。随着接触次数的增多，赵明决定给予林丹一个机会，让林丹把药品的样品留在医院。就这样，林丹在事业上又有了收获。

没有人的人生会是一帆风顺的，每个人在生命的历程中都要经历坎坷、挫折。为了有所成就，一味地退缩和逃避显然并不可行，最好的办法就是鼓起勇气，面对人生，从而彻底地解决问题。现实生活中，很多人羡慕他人轻而易举就能获得成功，这只是看上去轻而易举。他人在光鲜亮丽的背后，付出了加倍的努力和艰辛，而且流过泪，也流过血。不要再盲目羡慕他人，要知道，唯有不屈服于生活、含泪播种的人，才能收获笑着的人生。

人们常说，黎明前的那一刻是最黑暗的，人生也是如此，在成功之前的那一刻，往往是最寂寞暗淡的。走在人生的路上，永远不要胆怯，更不要因为惶惑而忘记自己的初心，唯有一往无前，继续努力，我们才能突破和超越自己，达到人生中前所未有的新高度。

付出，从不会毫无收获

人们常说，种瓜得瓜，种豆得豆，还有人说一分耕耘一分收获。一切都告诉我们，付出与收获是呈正比的，但是付出与收获的比例却并没有那么固定。运气好的人付出一分，收获三分，运气不好的人，哪怕付出很多，也未必就能得到回报。当然，没有回报只是从物质的角度而言，实际上，我们在付出之后哪怕没有得到物质上的回报，也必然收获经验，最不济也能吃一堑长一智，避免下次再犯同样的错误。从某种意义上来说，这也是一种收获，能够丰富我们的人生阅历，甚至比物质上的收获更重要。

现实生活中，很多朋友都羡慕他人的成功，觉得他人运气实在是太好了，总是能够得到命运的青睐。殊不知，在你早晨睡懒觉的时候，别人早就已经起床学习了；在你晚上和朋友们一起玩耍的时候，别人却在台灯下埋头苦读；在你享受幸福快乐的时候，别人未雨绸缪，正在努力提升和完善自己；在你看电视剧、玩游戏的时候，别人正在学习第二专业；在你安慰自己一切还不错的时候，别人却对生活不知足，已经开始了崭新的征程……一切的事实告诉我们，只要努力地生活，任何付出都是有意义的，总会给我们的人生带来更丰富的经验、更重的分量，也会给我们的人生带来不一样的视野和新的高度。尤其是时间，对每个人都是公平的。每天都是二十四小时，一分不多，一分不少，那么为什么别人已经成为博士、博士后，你却依然只是个小小的高中生或者沾沾自喜的本科生呢？我们无法控制生命的长度，但是却可以拓宽生命的宽度，这样人生才能更有意义。

举个最简单的例子，很多人都知道读书是一个很好的习惯，而且能够开阔视野、丰富心灵，但是真正能够做到坚持读书的人，却少之又少。尤其是现代社会，很多人都陷入浮躁之中，根本静不下心来真正去读一本好书。要是我们坚持每个月都读一本书，每年都读几本书，那么日积月累，我们的谈吐举止定然与众不同。很多人觉得学习英语很难，在浩如烟海的英语单词中，更是难以有的放矢记住那些有用的单词，不得不说，这依然是懒惰在作怪。假如你每天都能记住十个单词，那么日积月累下来，十年之后，你就会掌握三万多个单词，你必然成为英语达人，甚至说英语比说中文更流畅。任何情况下，都是量变引起质变。一个人如果不能很好地控制自己的欲望，每天都要喝酒或者胡吃海塞，那么很快不是成为酒鬼，就是成为胖子，导致生命变得笨拙而又沉重。

很多微小的事情，都不被人们放在眼里，却不知道一旦这些事情得以长期坚持，就会为我们的人生添砖加瓦，就会成就我们与众不同的未来。当努力达到一定的量，成功也就理所当然。大多数对于生活不满的人，都是空想家，都只愿意动嘴皮子，而不愿意把任何事情付诸行动。很多大学毕业生好高骛远，从上大学时就幻想着自己能找到好工作，拿高薪，光鲜亮丽地出入于写字楼。万丈高楼平地起，作为一穷二白的职场新人，你凭什么心想事成呢？理智的人能够脚踏实地地寻找工作，点点滴滴地积累，从而让自己的人生更多一些资本，也有更多的可能性。冲动的人一旦不如意，就只会抱怨连天，不是抱怨命运，就是抱怨父母，甚至怨恨不相干的人。不要再执迷不悟了。人生，归根结底掌握在你自己手中。你要想得到他人的认可和肯定，要想让他人对自己刮目相看，你只能用实力为自己代言，只能让自己变得更加出色。否则，你就算如同寒号鸟一样整夜哀嚎，只怕也于事无补。如果你习惯于懈怠和抱怨，那么你的人生也将会从此走上下坡路，再也无法迎来好的转机。

第07章

与其彷徨焦虑：不如逼自己狠狠努力一次

面对人生的困境，很多人焦虑彷徨，殊不知，与其被动地等待，不如主动出击，以强大自己、成就自己。有的时候，人生的确需要一片危崖，唯有把自己逼入绝境，成功才能水到渠成。所以朋友们，不要再犹豫不决，好机会转瞬即逝，抓住机会，也就等于抓住了成功的尾巴。

机会，总是留给有准备的人

生活中，人们总是羡慕身边的人获得一个千载难逢的好机会，一下子就名声大噪，出人头地了。实际上，我们只看到别人得到机会的一瞬间，就误以为别人是被从天而降的机会砸中的，实际上别人在得到机会之前已经付出了长久的努力，因此才能如愿以偿得到机会。常言道，机会总是留给有准备的人，这句话非常有道理。原本，大多数机会都是偶然出现的，而且转瞬即逝，带有很大的偶然性。而人们要想抓住机会，让机会成为人生的必然，就要弄清楚偶然与必然之间的联系。要把偶然变成必然，唯一的关键点在于准备得是否充分，是否一直在准备着。既然我们不知道机会何时会出现，那么最保险的做法就是时刻准备着。这看起来很难，实际上并不复杂。人生，就是在偶然之中抓住和创造必然，一切努力也都应该是持续的状态，才能得到最好的结果。

有些人总是非常侥幸，他们平日里抱怨自己没有机会，却不愿意坚持不懈地努力以抓住机会。等看到其他人都因为千载难逢的好机会而成功改变命运时，他们又怨声载道，似乎是被别人夺走了机会。该是你的就是你的，别人夺也夺不走，但不该是你的，哪怕你非常努力，也强留不住，因为你没有做好准备。所以再也不要把命运坎坷的责任归咎于机会的不公平，也不要总像寒号鸟一样许诺明天就垒窝。唯有当机立断，马上展开行动，我们才能切实抓住机会，改变人生。

当然，还需要注意的是，我们不但要做好准备迎接机会的到来，更要积极主动地去创造机会。记住，天上从来不会掉馅饼，就算掉了也未必会砸到你的头上，而创造机会则让我们对于机会更有把握。不要迷信机会，机会和生活中很多美好的事物一样，我们也许会无意间碰到，也许会在“柳暗花明又一村”的惊喜中与机会相逢，更有可能通过不懈的努力创造出崭新的、只属于我们自己的机会。我们要成为机会的主角，才能更好地掌控机会。

1955年的某一天，在美国西雅图，比尔·盖茨降临人世。那一天和平常的日子完全相同，谁也无法想象这个小男孩未来会成为世界富豪，会创造微软帝国。和大多数孩子一样，盖茨也有一个快乐的童年。转眼间，他已经是一名11岁的男孩，进入西雅图的一家私立初中学习。这个时候，计算机在整个世界范围内都是新鲜事物，因为盖茨就读的初中非常好，因而学校里也花费巨资购买了计算机，这样学生们就可以与先进事物近距离接触。正是在此期间，盖茨迷恋上了计算机。

1973年，盖茨考入世界名校哈佛大学。这是全世界的莘莘学子都梦寐以求的校园，但是出乎意料的是，在1974年，当听说世界上有了第一台个人计算机之后，盖茨突然做出了一个重大的决定：他要退学投身计算机高速发展的浪潮。

1975年，盖茨和好友保罗一起成立公司，这就是后来闻名世界的微软公司。当然，在当时微软只是一个名不见经传的小公司，幸好盖茨和保罗在计算机界小有名气，所以他们的公司才发展得相对顺利。1981年，当时规模最大的IBM公司又推出了新型计算机，而正是盖茨的微软公司为IBM公司提供编程。随着IBM公司的不断发展壮大，盖茨的微软公司也走入公众的视野。此后不久，在盖茨的领导下，微软公司就成为个人电脑软件的先驱和应领者，此时盖茨只有26岁。

相信如果大多数人处在盖茨的位置，一定会继续留在哈佛大学读书，毕竟哈佛大学是世界名校，轻易放弃简直太可惜了。但是盖茨没有丝毫犹豫，就做出了重大的决定，正因为如此坚决果断，他才能抓住千载难逢的好机会，成就微软帝国。

实际上，机会固然重要，但却不是成功的必要条件。我们与其被动地等待机会的到来，不如更加相信自己的能力，从而主动出击，寻找和创造机会。毕竟成功更多地取决于我们自身的努力，而不是完全依靠外界的因素。曾经有科学家经过研究证实，人的潜力是无穷的，那么我们只要挖掘自身的一小部分潜力，就能表现得与众不同。与其信机会，不如信自己，只有自己做好准备随时迎接机会的到来，我们才能真正抓住机会，以机会为契机彻底改变自身的命运。

精彩人生，总是勇敢主动

面对人生的窘境，很多时候我们都没有勇气迎难而上，因此就选择了退缩和放弃。实际上，选择固然重要，但是人生的成败却更多地取决于我们面对人生的态度。每一次失败都如同阵痛，把生命推向生机，重要的是我们不能畏缩，要迎着阵痛而上。

人生，是无法逃避的，除非生命终结，否则再艰难的处境，都需要我们去面对。记得有位记者采访了一位百岁老人，这位百岁老人经历了封建社会、漫长的战争年代，又迎来了新中国，人生跌宕起伏。面对记者提出的人生问题，老人只是淡然地回答了一个字“熬”。的确，这不是一个华丽的字眼，甚至显得非常土气，但是这个字却完全揭示了人生的真谛，也使得听者知道了走过百岁的老人信奉怎样的人生原则。人生真的是熬过来的，在各种艰难坎坷的境遇中，如果不能熬，轻易放弃，那么结果未必如今日般圆满。尤其是在枪林弹雨中，老人也一定经历了人生的各种苦痛，但是却在熬的过程中，让时间修复了一切。一个“熬”字，又表现出老人对待人生的无奈以及在无奈之中只能勇敢面对的坚强。生活就像小火慢炖一锅汤，最终的成品，要看食材，更要看火候。

大学毕业后，张薇进入一家公司工作，但是工作进展得并不顺利。因为是应届毕业生，张薇没有工作经验，在与人相处的过程中，她也非常被动，如今都进入公司一个多月了，却依然不被同事熟悉，而且对于很多同事她也根本连招呼都没有打过。每天，张薇都特别发愁上班，因为她觉得自己每时每刻都如坐针毡，为此，她甚至产生了放弃的念头。

有一天，领导让张薇负责一个策划案。张薇不知道从何处下手，在此之前她做的都是琐碎的杂活儿。但是因为和同事们关系疏远，她也不好意思直接请教同事。就这样一天下来，张薇如同无头苍蝇一样四处乱撞，却没有丝毫进展。当晚，她实在忍不住，向学姐吐槽。听到张薇的抱怨，学姐笑着说：“你为何要被动等待同事来与你套近乎呢？你完全可以主动和同事交往，就从这个策划案开始，多多向他们请教啊！否则你想，老同事工作经验丰富，在公司里资历也很老，人家为何要主动搭讪你这个菜鸟呢？”学姐一语惊醒梦中人，张薇意识到自己再不主动出击，也许真的要失去这份工作了。次日，张薇面带笑容，内心胆战心惊，拿着策划选题去向一位老同事请教。老同事看着张薇，大概也想起了自己当初新入职场的样子，因而回答耐心细致。勇敢迈出这一步之后，原本如同鸵鸟一般把头缩起来的张薇，这才发现一切并不如自己想象中那么困难。为此，她一鼓作气，把不懂的问题又接连请教了好几位同事。就这样，原本还困扰张薇的工作难题，在术业有专攻的同事们的帮助下，很快就迎刃而解了。

如今，很多职场新人，尤其是应届毕业生，在初入职场的时候，都和张薇一样面临着尴尬。学姐说得很有道理，老同事没有理由主动和菜鸟搭讪，而菜鸟唯有主动出击，才能博得老同事的好感，也才能得到老同事的指导和帮助。

人生之中，任何时候我们都不要保持被动，而要生动活泼起来，让自己成为职场上的活跃因子，这样才能占据主动，处处抢占先机。这一则有利于我们的职业生涯发展，二则我们的热情也会感染同事们，让他们更乐于接受我们，可谓一举两得。记住，对于不能逃避的一切，与其把头埋起来当鸵鸟，不如勇往直前，第一时间主动发力。

从不冒险，就是最大的冒险

人生之中，最大的冒险是什么？有人说是不计后果地付出，有人说是盲目相信他人，有人说是如同赌徒般孤注一掷，也有人说……人生之中的风险实在太多了，所以对于这个问题的回答千奇百怪。但是在所有的回答中，只有一个回答是正确的，即最大的冒险就是不冒险。乍一听，这句话就像绕口令一样，使人有些头昏脑涨。细细读来，不冒险，不是可以避免所有的风险吗？为何不冒险反而是最大的冒险呢？还记得契科夫笔下的套中人吗？套中人为了避免风险，总是把自己装在套子里，结果一事无成，结局悲惨。那些因为害怕冒险而选择逃避冒险的人，就如同套中人一样，把自己死死地禁锢住，根本无法挣脱。实际上，并不是外界限制了他们，而是紧张不安的内心使他们寸步难行。人生短暂，光阴如逝，与其这样被动地生活，禁锢自己的心灵和身体，不如冒险搏一搏。不冒险，的确不会承担风险，但是同时也失去了一切成功的机会。冒险，虽然承担了风险，但是成功的机会也是对等的。所谓不冒险，无异于因噎废食，自绝生路。

传说，在非洲大草原上，每当夏季来临，都会有很多角马不得不离开干旱的塞伦盖蒂草原，去往湿润的马赛马拉。在长途迁徙中，角马们必须经过格鲁美地河，从而为身体补充充足的水分。同时，格鲁美地河也是角马长途迁徙中唯一的水源。然而，所有的动物都集中在格鲁美地河附近，因而角马既能够在格鲁美地河补充水分、迎来生机，也很有可能在格鲁美地河失去生命——周围的灌木丛里隐藏着虎视眈眈的猛兽，河水里还有鳄鱼不知道什么时候就会浮出水面，咬断角马的喉咙。因为风险的存在，很多角马哪怕干渴难耐，也不敢靠近河水一步，最终它们全都因为干旱而死，就死在靠近水源的地方。毫无疑问，这些角马非常怯懦。相比起它们，有些角马则显得勇敢得多。它们知道如果不喝水也是死路一条，因而宁愿冒着生命危险喝水。它们就像是破釜沉舟的赌徒，不顾一切地来到河边喝水，也许它们之中有些角马会遭遇不测，但依然有些角马成功了。正是这些成功的角马，才能够到达目的地，过上水草丰美的生活。

在生活和工作中，你们是胆怯的角马，还是勇敢的角马呢？如果你们总是因为害怕失败而放弃尝试的机会，那么你们也将彻底失去人生。如果你们也能和勇敢的角马一样，知道试了还有机会，不试就必死无疑，那么你们有一半的机会获得成功。与其蜷缩起来，畏首畏尾地度过一生，不如勇敢起来，让生命自由绽放。

在2000年的世界花样滑冰比赛上，美籍华裔女选手关颖珊一心一意想要夺得冠军。她的花样滑冰水平的确很高，还曾经被人们誉为“冰上美人”。但是在这次比赛中她却出现了失误，导致在最后一场比赛前她的成绩毫不突出，只排在第三位。按照这样的趋势，如果继续保持稳扎稳打的风格，她很难实现心愿。为此，她决定孤注一掷，突破自己。在最后一场比赛中，她表演了花样滑冰中最难的三周跳，还勇敢地展示了两次。毫无疑问，这么做的结果必然是极端化的，如果她成功，就能扭转局势，成为赢家。如果她失败，那么一定会因为出现重大失误导致输得很惨。在进行这样的冒险之前，她显然已经想得很清楚了。因为在比赛结束后，当面对记者的采访时，她说：“我想在失败之前就发挥自己所有的能力，而不想等到失败之后再后悔懊丧。”

原本，关颖珊几乎已经注定了失败，毕竟她的名次不算突出，没有杀手锏的话是绝不可能反败为胜的。正是在这种情况下，她决绝地使出了杀手锏，让自己如愿以偿获得冠军。生活不是赛场，但是赛场上的生死角逐在生活中并不罕见。尤其是在现代职场上，很多时候一着不慎，就会满盘皆输。所以在没有硝烟却暗藏杀机的战场上，我们既要学会自保，采取守势，也要学会主动出击，采取攻势。当然，不管是采取攻势还是守势，都要根据现实和自身的情况做出理智选择。不要惧怕冒险，因为收获越大风险越大，所谓的冒险，也往往意味着丰厚的回报

人生固然需要现世安好和岁月静好，但也需要主动求变，赢得生机。尤其是如今的职场上竞争那么激烈，一个人要想突出重围，出类拔萃，就要有冒险的精神，更要有积极求变的意志。细心的朋友们会发现，大多数成功者都具有冒险的精神，有的人甚至在心中丝毫没有底的情况下，就选择破釜沉舟，最终却以气势与实力取胜。实际上，冒险并不像我们想象得那么可怕，因为冒险之中，成功与失败的机会其实是均等的。很多人之所以害怕冒险，就是因为他们觉得冒险必然意味着失败，如果能把悲观的想法改变一下，正确认识到冒险也意味着成功，那么接受冒险就没有那么困难了。

步步为营的人生，要你自己经营

很多朋友都会打牌或者打麻将，那么必然知道就算抓到一手好牌，也未必能够获得成功，因为好牌只是具备了成功的第一步，要想到达人生理想的彼岸，还需要精于谋篇布局，步步为营。反过来说，哪怕抓到一手坏牌，也未必意味着糟糕的结果，因为你的胜负不仅仅取决于你的牌，也取决于你的谋略，同时还受到他人打牌水平高低的影响。所以不管是抓到好牌还是坏牌，既不要沾沾自喜、扬扬得意，也不要放弃希望、不再努力。任何事情不到最后一刻，没有人知道结果，所以也不能轻易认命。

步步为营、稳扎稳打的人生，是每个人都渴望拥有的。然而，运气虽然与生俱来，生命的节奏却需要我们自己去安排。精于生活的人，能把原本艰难的生活过得风生水起，而不精于生活的人，却只能被命运裹挟着前进，渐渐地就失去了对人生的主动权，导致自己被动局促。人的一生，既有命也有运，就像爱情既有缘也要有分一样。任何时候，都不要抱怨，唯有积极地面对，我们才能得到自己想要的命运。

马姐其貌不扬，但是却把人生经营得风生水起，她也俨然成了人生赢家。熟悉马姐的人都知道，她从小生活困苦，所以过日子总是精打细算，但是她又深谙人情世故，往往宁愿刻薄自己，也绝不委屈他人。马姐只读过大专，连本科学历都没有，但是她在单位里却是不可取代的重要人物。名义上她是办公室主任，实际上她是总经理助理，如果说总经理是县官，那么她就是现管，掌握着公司的很多实权。但是马姐绝不高高在上，对同事们和颜悦色，赏罚分明，如此恩威并施，的确让马姐成为上下倚重、不可或缺的要员。

至于婚姻，公司里只要看过马姐丈夫的年轻女孩们，都对马姐艳羡不已。尽管马姐自己长相普通，但是她的丈夫绝对是大帅哥一枚。不但身材魁梧，而且仪表堂堂，最主要的是还经营着一家公司，真是不折不扣的钻石王老五。女孩们都向马姐取经，问马姐是如何找到这样的良人托付终身的，马姐只是淡然一笑：“糟糠之妻不下堂，况且我还不糟糠呢，对吧！”的确，马姐说得很对，虽然她相貌平平，但是她很懂得收拾自己，因而看起来气质高雅，谈吐不俗。尤其是相夫教子方面，马姐更是做到极致，就连不在一起生活的公婆，也对这个儿媳妇竖起大拇指。这大概就是马姐的丈夫发达之后，始终对马姐忠诚不二的原因吧。

有段时间，单位遭遇危机，破产了，马姐也失业了。原本靠着丈夫的财力，她可以回家当个全职阔太太，但是她拒绝了丈夫的好意，坚持开了一家服装店。因为品味不俗，马姐的服装店开得风生水起，生意红红火火。当有人问起马姐为何要这么辛苦，放着富太太不当，马姐笑了：“女人，当然要独立，以树的形象和自己所爱的人比肩而立，这样才能得到爱人的尊重和认可，也深深扎根在爱人的心里。”

生活中，很多年轻的女孩都恨不得找个有钱人养活自己，甚至有些大学生公然在社交网站上求包养。可想而知，她们如同攀援的凌霄花一样的人生，最终的结局一定不会非常美好。而像马姐这样原本有资格让丈夫养活的、同甘共苦的妻子，却选择依靠自己的能力更精彩地活着，实在值得每一个女孩学习。

有很多人在遭遇磨难的时候，总是把生活不如意的百般责任都推脱到他人身上。他们或者埋怨命运的不公平，或者觉得自己生不逢时，超常的才能无处发挥。实际上，他们的抱怨根本不值一提，因为对于生活的顺逆采取怎样的态度完全取决于自己的内心，而且再多的抱怨也无法解决问题。命运的确有偏爱，但是命运从来不偏爱爱抱怨的人，命运更喜欢积极向上、绝不屈服的生命。从现在开始，就努力经营自己的人生吧！

把自己逼入悬崖

在很多影视剧里，我们都看过悬崖的镜头。悬崖高高而立，没有任何下脚的地方，尤其是武侠剧中的悬崖，更让人看上去胆战心惊。不过迄今为止最让人印象深刻的，不是《鬼吹灯》中的悬崖，也不是武侠剧中的悬崖，而是在《舌尖上的中国》中那个紧邻着田地的悬崖。后来看《舌尖上的中国》的花絮，才知道那片悬崖是航拍的，难怪那么壮观，视角那么独特呢！从天空中看去，田地紧挨着悬崖的边沿，似乎只要再往边上走几步，就要掉落壁立千仞的悬崖。正是在这么艰苦的情况下，勤劳的人们依然开拓出土地，种植了玉米等农作物，养活一家人，也世代延续下去。壮观的悬崖从侧面反映出人们面对生活坚韧不拔的顽强精神，让我们不由得想到：有的时候，我们的确需要把自己逼入悬崖！

心理学家经过研究发现，人的潜力是无穷的，很多时候，人都比自己想象中更加坚强。所谓的软弱，实际上都出现在有人可以依靠或者仰仗的时候。如果人们意识到自己不可能得到任何同情、怜悯和帮助，那么他们就会停止哭泣，擦干眼泪，站起来继续前行。其实，这一点在孩子身上表现得非常明显。养育过孩子的父母都知道，当孩子们为了很多事情哭泣时，往往是当着父母或者其他亲人的面。一旦他们发现自己要独立面对一切，他们马上就会不哭了。所以明智的父母不会无限度地给孩子提供依靠，而是更加注重培养孩子独立生活、独立面对问题的能力。有一种爱叫放手，就是父母教会孩子独立的爱，就是绝不溺爱和完全依赖的爱。

很多人误以为一旦站在悬崖边上，就是退无可退，就只能面临绝境。实际上，哪怕置身于悬崖边上，只要我们不放弃希望，努力寻找，竭力尝试，也有可能找到转机。常言道，当人生陷入绝境时，不管走向哪里都是出路。的确如此，在最坏的情况下，哪怕跳下悬崖也好过对命运束手就擒。很多时候，我们是被逼入绝境，然而如果需要，我们甚至还会给自己创造绝境，让自己置之死地而后生。

在辽阔的非洲草原上，生活着很多动物。其中，羚羊的数量很多，而且因为超强的弹跳力，成年羚羊甚至能够摆脱猛兽的追击。但是动物学家们经过研究发现，羚羊在面对猛兽的追击时，并没有跑到开阔地带，反而故意跑到崇山峻岭中。要知道，羚羊在凹凸不平的地方根本无法以最快的速度奔跑啊，这到底是为什么呢？动物学家经过跟踪观察，最终找到了问题的答案。

原来，羚羊之所以跑入崇山峻岭，是为了寻找悬崖。追击他们的狮子、猎豹等动物都很凶猛，虽然成年羚羊在开阔地带完全可以摆脱它们的追击，但是对那些年幼的羚羊而言，想要虎口逃生就很难了。一旦来到悬崖边，成年羚羊马上就会不遗余力地跃过悬崖，给幼年的羚羊做榜样。幼年的羚羊也模仿成年羚羊的样子，毫不迟疑地跃过悬崖。有些幼年羚羊能够跃过去，有些幼年羚羊却无法跃过去。不过，它们身体轻盈，柔韧度和弹跳性都很好，所以它们哪怕落到悬崖下面的石头上，也基本不受伤害。与羚羊相比，追击它们的老虎、狮子、猎豹等，自身体重较重，都无法像羚羊一样跃过悬崖，由此一来，羚羊的目的就达到了：它们把敌人陷入绝境，让敌人不得不放弃对它们的追击。看起来它们是先把自己陷入绝境，但是它们却因为自身的优势，让自己获得了新的生机。

不得不说，羚羊是非常聪明的动物。它们看似让人费解的行为被后隐藏着良苦用心。成年羚羊为了给幼年羚羊以生机，宁愿放弃发挥自身的优势，从平原进入崇山峻岭，把自己带入绝境之中，再置之死地而后生。正是凭借着这样的生存智慧，羚羊们才能更好地生存，与天敌周旋，保存自己。

现实生活中，每个人都生活在和平年代，岁月静好，但是激烈的竞争和强大的生存压力，使得人们更加感受到生活的艰难。当遭遇坎坷和挫折的时候，当被生活逼得无路可走的时候，当面对生活的窘境却不知道如何解决的时候，我们不妨也学习羚羊，置之死地而后生，甚至给自己创造一个绝境，让自己绝地反击。三国时期，项羽杀死宋义，在进行官渡之战前，只给每个士兵发三天的口粮，还让士兵们砸碎做饭的锅、凿穿渡河的船，也正是为了让全体将士意识到无路可退，只能奋勇向前。最终，项羽率领大军与强大的秦国军队进行了九次激战，最终击退秦军，为赵军解围。不得不说，如果没有项羽的破釜沉舟，也许整个中国的历史都会重写。由此可见，把自己逼入绝境，并不是要让自己灭亡，而是置之死地而后生，做事情绝不瞻前顾后，而是一往无前、一鼓作气。

很多人都觉得非常困惑，一遇到小小的困难和障碍，就觉得人生无路可走。实际上，人生处处都是生机，重要的在于我们要心怀希望、坚韧不拔，才能发现生机。有的时候，我们误以为自己已经没有选择，其实只是我们不愿意面对很多选择。当我们的心变得坚强勇敢，我们的人生也就多了更多的机会与可能。人生之中，牵绊太多的人往往无法果断做出决定，他们害怕失去自己已经拥有的，害怕情况不能朝着好的方向发展。和他们相比，一无所有的人更容易成为人生的赢家，既然已经一无所有，就不害怕失去，更不害怕情况会变得更糟糕。如果对于自己的人生还不够满意，那么就破釜沉舟勇敢向前吧，唯有突破自我，超越自我，才能开拓出人生的崭新天地。

第 08 章

千锤百炼：让易被焦虑侵蚀的心强大起来

生活中，总有些人感到非常焦虑。他们或者抱怨命运不公，或者抱怨遇人不淑，或者抱怨没有有权势和财富的父母，或者抱怨一切总是事与愿违。在他们眼中，世界似乎从来都是错的、不正常的，其实并非世界出了问题，而是他们自身出了问题。唯有调整好心态，坦然从容地面对人生，他们才能不焦灼、不惶惑，让心变得越来越强大。

充满正能量，人生不彷徨

现代社会，很多人都提倡正能量，这是因为正能量不但能够帮助人们改变心态，端正人生态度，甚至还会影响人们成长的高度和人生的成就。正能量实际上是一种的姿态，就像花儿面对风雨一样，有些柔弱的花儿一旦经风历雨，马上不堪一击，而有些花儿即便经历风霜雨雪，也依然努力绽放，诸如，腊梅的高洁品格，始终受到人们的赞美；荷花的出淤泥而不染，也历来为文人墨客所称赞。做人，也应该如同腊梅和荷花一样，绝不因为任何事情委曲求全，也不因为任何事情否定自己，放弃生命。

随着时代的发展，生活节奏越来越快，生存压力越来越大，很多年轻人都非常彷徨，尤其是刚刚走出大学校园的年轻人，总是心比天高，却又发现“象牙塔”之外的一切并不如自己想象得那般顺遂如意。在举世闻名的美国西点军校，有句人尽皆知的话，即“心态决定一切”。这句话告诉我们，客观存在的外部世界实际上并不能从根本上影响我们的生活，最重要的在于我们对待世界的态度。正如人们常说的，心若改变，世界也随之改变。虽然我们都是唯物主义者，但是我们对待世界的态度的确决定了很多事情。一个人穷尽一生，最终会达到怎样的高度，获得怎样的成就，看起来与成长经历、教育背景、人脉资源等因素息息相关，但是让这些因素为成功助力的先决条件却是，要有一颗充满正能量、始终积极向上的心。

一个没有正能量的人，哪怕遇到小小的挫折，也会感到沮丧和绝望。唯有满怀正能量，我们才会带着热情，满怀激情地去做事情，避免三心二意、半途而废。否则，如果总是陷入绝望之中，一个人哪怕再聪明、能力再强，也总是与成功绝缘。细心的朋友们会发现，在我们身边，大多数成功者都是充满正能量的人，而大多数没有正能量的人，都一事无成，碌碌无为。虽然我们未必会获得举世瞩目的成就，也许注定要一生平凡，但是这并不意味着我们没有属于自己的成功。每个人都是世界上独一无二的存在，每个人也都有自己的命运，我们唯有不放弃，坚持努力，才能成为把握命运的强者，才能最大限度地发挥自身的实力，成就自己与众不同的精彩人生。

举个最简单的例子，假如在茫茫的沙漠里，两个旅行的人都非常口渴，这时候他们突然发现了半瓶水。那么，那个积极的人会说："真好，找到半瓶水，可以多活两天，说不定就得救了。"而那个消极的人会说："真倒霉，只找到半瓶水，根本于事无补啊。"由此可见，外界的事物丝毫没有改变，改变的只是人们的内心。正因为如此，那些在生活中饱经磨难的人才会有截然不同的命运，有的人从生命的废墟中站起来，有的人从此沉沦下去，一事无成。所以朋友们，不要再抱怨各种客观的存在，你的人生原本就把握在你自己手中。当你心态积极、充满激情，你就对人生有更多的把控。当你悲观绝望，不知所措，你的人生就会变得黯淡无光。

尤其是现代职场，很多人都觉得疲惫不堪，对工作也完全提不起精神来。殊不知，在你颓废的时候，别人正在努力；在你茫然不知所措的时候，别人正在卯足了劲往前奔；在你和朋友们狂欢的时候，别人正在加班。所以，不要再抱怨老板总是偏爱某个人，升职加薪等好事从来都降临不到你的头上。先扪心自问，你的付出和别人的付出之间，有多少差距，再努力地改变自己，提升和完善自己，让自己和他人一样全心全意地为工作付出，才能有资格奢望更多。

古人云，世上无难事，只要肯攀登。对于任何事情，我们如果想要获得成功，就必须下定决心，排除万难，就必须不怕吃苦、不怕受累。尤其是在遇到艰难坎坷的时候，更要一鼓作气，迎难而上，绝不轻易放弃，才能有所成就。成功时的春风得意马蹄疾，人人都能做到，真正的强者即使面对失败、遭遇挫折，也绝不气馁，而有勇气直面人生，这才是成功者应该具备的基本素质。

不能改变天气，就改变心情

虽然人人都知道要主宰自己的大道理，但是大多数人还是不可避免地被客观环境所影响，甚至被他人的一言一行左右自己的心情。不得不说，这样的人是非常脆弱的，而且根本无法控制自己的情绪，因为他们无法控制客观外界，也无法控制身边的所有人。他们过于敏感，原本想未雨绸缪，最终却到了杞人忧天的程度；原本想从谏如流，最终却完全失去主见，盲目地相信他人。不得不说，这样的人生已经完全失去了主观能动性，变得随波逐流。

古人云，天昏昏兮人郁郁。这句话是用来形容那些多愁善感的人，即便天气的变化，也会导致他们精神慵懒、心情不畅。实际上，不仅林黛玉会葬花，现代社会很多人虽然有新思想、新观点，看起来也更加理智和坚强，但是实际上却多愁善感，而且因为巨大的压力和日益加快的生活节奏，他们总是不知道如何面对生活，更不知道怎样才能调整好自己的心态和情绪。天气的确会影响人的心情，甚至有些人在昏暗的环境和氛围中生活久了还会患上抑郁症。记住，要想避免这种情况，我们就要有意识地调整自己，驱赶负能量。诸如当觉得对什么事情都提不起兴致的时候，不如和好朋友聚一聚，或者做一些让自己心情舒畅的事情。情绪是可以控制的，甚至我们假装高兴，也会真的变得高兴起来。

即便心理学家证实天气的确会影响人的心情，我们也依然不能任由天气左右我们的心情。李敖曾经说，看似是天气影响我们的心情，实际上是我们自己的心情出了问题，只不过是把责任归咎于天气而已。一个发自内心欢呼雀跃的人，即便天上乌云密布、雷声大作，也无法影响他想要跳跃和欢呼的情绪。常言道，天要下雨，娘要嫁人，这些事情都是无法改变的。既然我们无法改变天气，为何还要徒劳悲秋呢？不如换一种思维和态度，欣赏秋天的静美和累累硕果，从而让自己的心情如同金色的树叶一样变得灿烂起来。

从本质上而言，唯有我们自己才能控制自己的心情。如果我们被负能量包围，做什么事情都没有心情，那么我们就会情不自禁地抱怨天气太糟糕。实际上，这只是推托之词而已，只是为了给自己的坏情绪找个借口。因而我们要想改变心情，首先要学会控制自己的心情，主宰自己的情绪，这样我们才能成为自己的主宰。

1965年9月，世界台球冠军争夺赛如期在纽约举行。路易斯对于夺冠非常有把握，因而看起来轻松自如、沾沾自喜。尤其是当他把第二名远远甩下时，胜负几乎没有悬念。他不再需要努力得分，只要保持正常发挥，采取守势，就能获胜。但是，正当他准备进行最后一场比赛赢得冠军时，一只苍蝇却彻底改变了他的命运。

这只苍蝇鬼使神差地落在路易斯面前的主球上，路易斯不以为然，驱赶苍蝇，然后准备击球。但是还没等他击球，苍蝇又落到主球上，路易斯不得不停下来，再次挥手驱赶苍蝇。这时，观众们发出善意的笑声，也为这只无厘头的苍蝇感到好笑。遗憾的是，这只苍蝇似乎专门是上帝派来和路易斯作对的，当路易斯俯下身体再次准备击球时，它居然又落到了主球上。不得已，路易斯只好第三次停止击球的动作，驱赶苍蝇，观众们再也忍俊不住，哈哈大笑起来。此时此刻，路易斯非常恼火，当苍蝇第四次落到主球上时，他终于爆发了，居然拿起球杆狠狠地击打苍蝇。遗憾的是，他的准头不够，居然触动了主球，并且因此失去了一轮先机。看到路易斯心浮气躁、昏头昏脑的样子，对手马上信心十足，而且竭尽全力追赶路易斯。最终，对手战胜了情绪失控的路易斯，扭败为赢，成功登上世界冠军的宝座。路易斯简直不敢相信命运居然如此残酷，次日人们在河里发现了他的尸体。毫无疑问，路易斯自杀了。他不但因为一只苍蝇失去了整场比赛，还失去了宝贵的生命。人们在为他扼腕叹息的同时，也不禁感慨他内心的脆弱，也许他的心理素质决定了他无缘世界冠军吧！

路易斯完全有能力赢得世界冠军，然而他在击打苍蝇的时候不但失去一轮机会，也使他接下来的心情糟糕透顶。因为这个不那么令人愉快的开始，他彻底失去控制，变得歇斯底里，身体内的负能量如同洪水一样泛滥，最终使他与冠军的宝座失之交臂，也与人生的未来彻底错过。

一个真正强大的人，绝不受身边环境的影响，而是笃定自己的内心，做好自己该做的事情。假如一个人轻而易举因为他人的一句话或者一个随意的举动就变得心神不宁，甚至完全忘却初心，迷失本性，那么这个人注定要与失败结缘，甚至会错失自己的人生。我们无法改变天气，也无法改变客观存在的一切，但是我们可以选择以怎样的心情面对。当我们从容不迫地面对生活，相信我们人生中的一切也会开始变得不那么面目可憎，甚至还有几分可爱呢！

成为向日葵，终日向着太阳

很多朋友都知道向日葵名字的由来，也知道向日葵的花盘真的总是朝着太阳。实际上，我们也应该和向日葵一样，成为想着阳光、追寻光明的人。自然界里，还有很多顽强的植物，如野草。野草的传播往往通过鸟类的飞翔，因而没有任何一粒野草的种子知道自己将会落在哪里，在哪里扎根。有些野草的种子就这样落在荒郊野外、悬崖峭壁，甚至还会被巨大的石块压住，来到光明世界对它们而言成为不可能的事情。然而，柔韧的野草从未放弃过努力，它们哪怕探出泥土的第一刻看到的依然是黑暗，也会努力地改变生长的方向，直到从石块下面钻出来，再向着阳光挺拔地生长。人呢？人自诩为万物的灵长、世界的主宰，很多时候生命力远远不如一颗野草顽强。很多人在生命中只遭受小小的挫折和磨难，就会马上改变初心，或者一味地退缩，或者把责任推卸到他人身上，而自己却当缩头乌龟，根本不愿意面对现实，承担责任。

其实，趋利避害是人的本能。因而人在需要承担的时候会情不自禁地退缩，也是可以理解的。但人不是动物，人是能够自主思考和理智抉择的，所以作为人，一定要理智地决定自己的言行举止，必要的时候更要迎难而上，有所担当。当天上出现十个太阳的时候，后羿射日，饱尝艰辛。那么，在追求成功的人生道路上，我们同样要摆正自己的姿势，从而让自己更加坚决果断，毫不犹豫。这个世界上绝没有一蹴而就的成功，也没有天上掉馅饼的好事。任何事情要想有好的结果，都必然要求我们付出努力，尤其是在面对坎坷和挫折的时候，更要勇往直前。所以说，不是客观外界改变了我们，而是我们的内心决定了面对世界的态度。

现实生活中，人们对于很多无法解释的现象都称为常识，此外有些行为也的确是约定俗成的。但是，人们经过多年的研究会发现，人的情绪和行为之间是可以相互转化的，就像积极的心态和消极的心态也会相互转化一样，所以明智的朋友们会先控制自身的情绪，再用情绪去影响行为。当然，有的时候情绪根深蒂固，很难改变，这种时候不如逆向思考问题。

美国著名的心理学家詹姆斯告诉我们，只要愿意，每个人都可以成为情绪的主人。不要再不负责任地把自己的一切冲动之举都归咎于“生气，不能控制自己”等蹩脚的理由。记住，只要你愿意，你完全可以控制自己，你是自己的主宰，是自己的神。

在美国，有一次怀俄明大学与夏威夷大学举行橄榄球对抗赛。比赛到中场，夏威夷大学橄榄球队一分没得，此时他们的对手怀俄明大学橄榄球队已经得了22分。0:22分，可想而知，夏威夷大学橄榄球队里每个人都非常沮丧，队伍也溃不成军。教练看着孩子们，内心非常着急。教练意识到，如果不调整孩子们的情绪，让孩子找回自信，找回激情，下半场的情况依然会很残酷。为此，教练拿出一张海报，海报上贴满了这些年来他搜集的文章，全都是关于转败为赢的。球员们看完这些文章后，教练又给他们分析形势，帮助他们重建信心。最终，球员们在上场的时候全都斗志昂扬，此前的沮丧绝望全都消失得无影无踪。最终，夏威夷大学橄榄球队的球员们一鼓作气，以27:22，赢得了比赛。

上半场一直是怀俄明大学橄榄球队在得分，夏威夷大学橄榄球队居然一分没得，可想而知夏威夷大学橄榄球队败得很惨，到中场时几乎已经溃不成军。但是在教练的鼓励下，队员们调整情绪，重建信心，最终成功赢得比赛，又把怀俄明橄榄球队打得溃不成军。可以说，夏威夷大学橄榄球队反败为赢的关键，就在于他们的情绪和气势。实际上，事情不到最后一刻，没有人知道结果。大多数人之所以在开头不利之后就奠定了失败的基调，就是因为他们的情绪受到影响，甚至心中已经决定放弃努力。

现代社会发展迅速，置身于日新月异的社会中，我们也经常受到各种因素的影响，导致情绪波澜起伏。当我们昂扬振奋的时候，我们的精神也积极向上，充满正能量。当我们垂头丧气的时候，我们的精神也万分沮丧，负能量总是如影随形，使我们对任何事情都提不起精神来，更不愿意竭尽全力地去努力。古今中外，因为情绪失控导致命运悲惨的人并不少见，既然我们已经意识到情绪对人的负面影响，就要有意识地积极调整情绪，从而成为自身的主宰，把握自己的人生。

每个人，都在痛苦中不断成长

常言道，人生不如意十之八九。生活中，我们遇到的每个人未必是喜欢的人，经历的每件事未必是看得惯的事，感受到的每一天都绝不是只有幸福与快乐，而充斥着烦恼与痛苦。在这样的人生历程中，无数人感到烦躁不安，甚至对人生绝望。殊不知，那些你不喜欢的人与事，也许会给你带来一时的痛苦，你不要排斥它们，更不要试图把它们从人生之中清除出去。因为这些痛苦的磨砺虽然使你暂时失去快乐，但是却迫使你不断成长，不断砥砺前行，最终使你成为更好的人，也拥有更加美好的人生。

每个人，都是在痛苦中不断成长起来的。尽管人人都希望得到命运的青睐，被命运捧在手心里，但实际上，快乐使人生充实，痛苦使人生变得厚重而又坚实。不要再抱怨人生中有太多的不如意，也给我们带来太多的痛苦。当我们拥有顽强的生命力和坚定不移的心时，那些痛苦就会成为人生中最宝贵的养分，促使我们成为人生真正的强者。

大学时期，小敏最不喜欢的就是英语课，因为她不喜欢英语，更对26个字母稀里糊涂。为此，大学毕业后，小敏原本心仪一家外企，却因为英语不过关，导致各个方面都非常优秀的她被淘汰了。此时，小敏才意识到当初庆幸英语老师什么也不管，是多么自由自在，如今却要吃足苦头，把大学里没有学好的英语在大学毕业后补起来。

和小敏一样，清逸原本也不喜欢英语。不过，清逸遇到了一位非常严格的英语老师。这位英语老师对于学生们要求非常严格，只要有学生达不到她的要求，在尊重人格的基础上，老师总是什么难听说什么，简直让被批评的学生恨不得找个地缝钻进去。背地里，同学们都说英语老师是女魔头，让人胆战心惊。然而，说归说，为了免遭噩运，同学们在每次下课后都要认真完成老师布置的作业，而且在上课前会主动认真地复习，毕竟都已经是大学生了，谁也不愿意被老师挖苦讽刺得面红耳赤啊。就算是英语最差的同学，或者家里有钱有势对学习漫不经心的同学，只要上英语课，必然正襟危坐，片刻不敢懈怠，就连打个哈欠都担心错过什么。如此如同在炼狱般上了四年的英语课，原本像小敏一样对英语的26个字母都分不清楚的清逸，毕业后居然顺利进入一家知名外企，成为不折不扣的高薪白领。这到底是为什么呢？原来，不知不觉中，在痛苦地上每一节英语课时，清逸的英语水平大大提高。看到小敏无法进入外企而不得不去参加英语培训班的痛苦模样，清逸由衷地感谢英语老师："谢谢你，老师，是你让我们在痛苦中坚持充实自我。"

人们常说，走得太快的路，通常是下坡路。的确，小敏大学四年的英语课是在睡觉或者看小说中度过的，这样快乐的时光过得飞快，而毕业后找工作时面临的尴尬窘境却使人无法面对。相比之下，清逸在大学校园里的每一节课都过得很艰难，简直堪称紧张，正因为如此，她才能不浪费每一秒，而在毕业后如同脱胎换骨，顺利进入知名外企。正如有人说的，人生中没有任何一种付出是毫无回报的，也没有任何一段经历是白白经历的。只要多多用心，利用宝贵的青春时光提升自己，我们就能如愿以偿获得成长，也最终会从痛苦中蜕变出来。

任何时候，命运都不会无缘无故地善待我们。生命的诞生总要经过剧烈的痛苦，在生与死的边缘徘徊，生命的成长也不是平白无故的，更不可能一蹴而就。很多时候，痛苦使人清醒，也逼迫我们不得不寻找人生中新的生机和机遇。现代社会，很多年轻人都是独生子女，习惯了从小接受长辈的照顾，即便走入社会，也很难做到脚踏实地地学习和工作。然而，这一切都是不可替代的，正如父母不可能陪伴他们走完一生一样，他们最终要成长，要独自坚强地面对世界，要破茧成蝶超越自己。

从另一个侧面来看，那些不能使我们幸福快乐的事情，未必就是错误的。不管是判断一个人对我们是否有益，还是判断一件事情对我们是否有利，我们都不能单纯把快乐作为唯一的标准。常言道，良药苦口利于病，忠言逆耳利于行。很多时候，痛苦的事情反而带给我们成长，让我们警醒。不要急于排斥那些使你不快乐的人或事，在人生的道路上，也许他们注定不会带给我们幸福快乐，却会逼迫我们艰难地前行，直到我们遇到最好的自己，成就最精彩的人生。

努力的人，人生有更多的可能性

世界很大，大到我们穷尽一生，也无法走遍世界的每一个角落，看世界各处的风景。世界也很小，小到整个地球变成了一个小小的村落，飞速传播的资讯，让地球这边的我们轻而易举就知道地球那边的事情，因而足不出户就可以知晓天下大事。世界真奇妙，时而大时而小的世界，承载着我们的人生，也让我们的人生多了无限的可能。既然如此，我们为何还要让人生居于世界的某一隅，而对外界的一切不闻不问呢？生命短暂，如同白驹过隙，转瞬即逝，我们总要给自己更多尝试的机会，让自己拥有更多的可能性，才不枉在人世间走这一遭。

就像开车，在一条车道上，只能一味地向前，不能掉头后退。所以，每一位司机都喜欢开阔的道路，车道越多越好，车辆越少越好，这样他们就可以手握方向盘，在道路上享受肆意奔驰的快乐。人生也是如此，很多人之所以独辟蹊径，就是不想和其他人一起挤独木桥。也因此，他们就要不断尝试，找到最适合自己的人生之路，才能走得更远，更坦然从容。那么，如何才能拥有更多的可能性呢？最重要的就是要努力。命运对于大多数人都是公平的，唯独偏爱努力的人。当一个人总是坚持不懈地努力，就能始终做好准备，在机会转瞬即逝的时刻，勇敢地抓住机会，决不懈怠。从这个意义上来说，机会并非偏爱努力的人，而是努力的人依靠自己的不断争取，获得了千载难逢的好机会。

人生，就像是一条河流，任何时候都不应该是静止的。就像水，如果是一汪死水，那么很快就会腐烂变质，散发出难闻的味道。唯有成为活水，才能更加清澈，也最终会“奔流到海不复回”。现实生活中，每个人都渴望拥有成功的人生，却不知道成功的可能性对于每个人而言并不相同。死气沉沉的人生，也许永远都被囚禁在同一个地方，无法走出去。努力拼搏的人生，会走出心中的囚牢，变得更加开阔，拥有无限的可能性。

很多不熟悉刘墉的人，只对刘墉的《萤窗小语》有印象，也因此觉得刘墉不过是个写励志小品文的作家，根本没有什么独到之处。然而熟悉刘墉的人都知道，刘墉的一生堪称励志和传奇，因为他赋予了自己的人生无限的可能性。

早在读高中时，刘墉就很喜欢写作。当时的他，和大多数同龄人一样，对于人生非常迷惘，也觉得漫无目的。但是他有一点与众不同，即他知道人生并非只有考大学这一条路，而是“条条大路通罗马”。为此，他创办了校刊。有时学校的教导处觉得校刊的某些内容过于颓废，他就蹲在印刷厂写文章，及时调换不合格的稿子。正是在那段时期，他意识到要想填补版面上空缺的位置，写诗是效率最高的一种方式。此后，他经常在有文章需要替换的时候写诗，快速填补版面的空白。如此一来二去，他居然迷上了写诗，最终成为了一个诗人。刘墉似乎并不像其他成功者那样一条道走到黑，同样是与文字打交道，他当过出版家，也是诗人，同时还是编辑。青春时期的刘墉，似乎正处于数条道路的交汇处，不管往哪里走，都能找到人生的方向。

出版《萤窗小语》时，先是几千册，很快就卖完了，后来不断地加印，最终卖出了几十万册。随后，刘墉一发不可收拾，写出了越来越多的好作品，这其实都是他年少时热爱文学的结果。即便已经成为大名鼎鼎的作家，刘墉却从未满足。他用卖书赚到的钱，来做一些自己喜欢的事情，哪怕明知道会赔钱，他也在所不惜。他很喜欢接触新鲜的事物，对很多事情都兴致盎然。他不满足单调乏味的生活，一心一意要给生活创造更多可能。当你走进刘墉的世界，你一定会为他知识的渊博感到大吃一惊。

现代社会发展很快，可以说日新月异，然而人们在感受飞速发展带来的诸多便利时，心态也变得越来越浮躁。人们无法静心下来对待生命，他们被欲望驱使着，在人生的道路上不断前行，渴望得到更多，却因为对自己缺乏信心，导致犹豫不决、踟蹰不前。尤其是在生命不能使自己满意时，更是悔不当初，说些诸如“早知道这样，我当时就……”“要是我当初……”之类毫无意义的懊悔话。的确，人生中很小的一个因素的改变，整个人生就有可能发生翻天覆地的变化，但是不管我们现在生活得好还是不好，人生之中都没有卖后悔药的，我们唯有坚定不移地走下去，面对和承担人生的一切后果，才能不后悔、不彷徨。

世界很大，每个人都想走遍全世界、看遍全世界，那么就再也不要把自己的人生缩在一个小小的蜗牛壳里，而是要勇敢地蜕掉外壳，从而无所顾忌地享受青春，不遗余力地把握命运。当然，我们都是普通而又平凡的人，即便再怎么努力，也未必能够成为下一个刘墉。其实我们完全没有必要成为刘墉，因为刘墉不是我们，我们也不是刘墉，我们所要做的就是积极改变自己的命运，从而让今日的自己和昨日的自己相比有所不同，让未来的人生和现在的人生相比充满无限的可能性。只要做到这一点，就已经足够了。

像风一样奔跑，与最美的人生相逢

如果天空中突然下起雨，你是选择马上朝着前面跑去，还是选择依然保持现在的步速，不愿意多花费一点力气尝试一下，能否找到避雨的地方，或者提前到达目的地？当然，如果你就是想淋雨，想在细雨中漫步，想在狂风暴雨中冲刷自己，这是无可厚非的。但是如果你仅仅是觉得奔跑没有意义，那么你要想一想，你的人生态度是积极乐观，还是消极悲观？

的确，前面也在下雨，哪怕跑到前面，也还是在雨里。但是人生总有目的地，也会有避雨的地方，在雨中唯有看到希望的人，才会奔跑。从心理的角度而言，大多数慢吞吞往前走的人，或者是真淡然，或者是真消极。每个人都期望着人生与众不同，我们唯有努力奔跑，才能与人生中最美的际遇相逢。所以不要原地踏步，更不要放弃努力听天由命，只要你愿意，你可以掌控命运，也可以改变人生。

很久以前，有个年轻人特别喜欢写作。从年少时，他就以稚嫩的笔触写一些不成熟的文章，直到渐渐长大，他的文字也越来越成熟，但是每次投稿依然是相同的命运——被退稿。但是，年轻人依然笔耕不辍，从未放弃过对文字的喜爱。

十几年来，年轻人只要写出新的作品，就会给出版社投稿。渐渐地，出版社编辑都认识他的字迹了。有一天，年轻人再次收到出版社的退稿，只不过这次与往常不同，编辑在退稿里附了一封信，信里说："这么多年来，很佩服你坚持写作的毅力，不过你的稿件距离出版的确还有一段距离，我却惊喜地发现你的字越来越漂亮，而且独具一格，可否考虑向书法的方向发展呢？"编辑的一番话让年轻人茅塞顿开，他开始练习书法，一发而不可收拾，果然取得了非常好的成绩。后来，他水到渠成地成为著名的书法家。

一直以来的努力，没有使年轻人如愿以偿成为作家，但是在书法上的发展，使他成为一名书法家，虽然是无心插柳，但是成为书法家也并不影响年轻人继续写作，倒也是一个意外收获。通常情况下，人们总是预先设定自己的努力要达到怎样的目的，却不知道成功没有捷径，量的积累也未必一定能够换取质的飞越。诸如有人问，读多少书才能成为一位作家？写多少字，才能成为流芳千古的书法家？相信莫言一定不知道自己读了多少书才写出能够获得诺贝尔文学奖的作品，王羲之也不知道自己写了多少字才把家附近的池水染成黑色的，成为墨池。努力与成功之间并没有明确的界限，很多事情最好的状态是水到渠成，而不是苦苦追求。因而有人说，你只管努力，命运自有安排。是啊，当你的努力到达一定的程度，当你的人生走到最合适的契机，你总能获得成功，却没有人知道这个成功的时刻何时出现。

不管做任何事情，都不要试图找到那条泾渭分明的分界线，因为这条分界线根本不存在。每个人付出努力，都想得到最好的结果，都想获得一定的收获，但是这个结果和收获却不一定存在。古人云，有心栽花花不开，无心插柳柳成荫。付出不问收获，才是最真诚和用心的付出，不管是对于身边的人，还是对于人生中的每一件事，我们都要做到尽人力。

学过数学的人都知道，两点之间，直线最短。然而，当我们走过很多路，经历过人生的很多事，才发现两点之间很难画出直线，大多数时候只能迂回曲折，甚至还要故意绕远，才能连接两点。尤其是人生，在起点与终点之间，总是存在无限的变化，所以任何人都无法给自己的人生设定路线，而只能在有计划的情况下，根据实际情况随机应变。我们可以付出，可以坚持不懈地努力，也可以预期未来会得到的结果，但无法确定将来一定会得到什么。所以未雨绸缪当然是好的，预想也是很好的，但是一味地追求结果而忽视当下的付出和努力，因为不一定能得到理想的结果就彻底不再努力，都是完全不可取的。

从2009年第一次上春晚，魔术师刘谦就走入全国观众的视野。看着从容自若的刘谦表演魔术，简直就是一种享受，也让人欲罢不能。后来，因为刘谦长相俊美，魔术表演技能高超，所以人们都称刘谦为“魔术王子”。人们不知道的是，刘谦从很小的时候就喜欢魔术，但是他的魔术发展道路并不顺利。不管是老师还是同学，也不管是爸爸还是妈妈，几乎没有人看好他会在魔术上有所成就。当刘谦在课堂上偷偷练习被老师发现没收道具后，小小年纪的刘谦回家向父亲求助，原本是想让父亲为他向老师要回魔术道具，却没想到父亲得知他上课不认真，反而偷偷玩魔术，更是狠狠地批评了他一顿。毕竟，大多数父母心中，依然是“万般皆下品，唯有读书高”。而望子成龙、望女成凤的父母们，更是希望孩子能够认真学习，将来考上好大学，这样也可以拥有顺遂如意的人生。直到刘谦后来在魔术上有所成就，父母才开始支持刘谦。刘谦对于魔术的学习也才步入正轨。

如果不是因为自身的坚持，刘谦对于魔术的学习，也许早就半途而废了。尤其是在身边所有的人都不看好的情况下，刘谦能够坚持对魔术的热爱，从不放弃魔术，更是难得。但是，尽管刘谦口口声声说自己将来要成为魔术师，在大多数人眼里这只是刘谦不知天高地厚、口出狂言而已。甚至包括刘谦自己，也不能打保票自己一定会成为魔术师。然而，他依然努力，坚定不移地走在实现梦想的路上。相信刘谦也不曾想到自己会有今日的成就，但是他真的做到了，这一切都得益于他坚持不懈的努力和不忘初心的奋斗。

成功不是一场交易，不是非要得到成功的承诺，才去努力。就算是上帝，也不可能对所有事情都完全把握，更何况是我们呢！所以你只管努力，命运自我安排。当你的心专注于当下的事情，当你忘记成败得失，也许你才真正开始走向成功。

第 09 章

消除拖延症：摆脱那些因拖延而焦虑的日子

很多心情，当时是这样，一转眼，却又变成那样了。很多事情，想到了就要去做，否则改变了心情，事情也做不成了。不管什么时候，我们都要主动行动，果断坚决，才能抓住时机，避免因为过度思考而贻误先机。人生短暂，如同白驹过隙转瞬即逝，人生也很漫长，尤其是在遇到选择困难症时，一切的进展都显得那么艰难。任何时候，都不要拖延，因为人生经不起拖延，更不能在等待中蹉跎了青春。

人生，何时开始都不算晚

在人生的道路上，有的人匆匆忙忙飞驰而过，恨不得把一分钟的时间分成两分钟用，有的人则磨磨蹭蹭，在原地踟蹰不前，甚至抱怨人生不公平，才让自己人生的节奏如此不紧锣密鼓。还有更多的人一面抱怨人生不充实，毫无意义，没有值得兴奋和高兴的事情，一面依然原地踏步，不停徘徊，就是不愿意直截了当冲着生活吼两嗓子，然后不遗余力地向前奔去。我们羡慕别人的轰轰烈烈和成功，也要意识到别人在成功背后付出了多少努力，更要意识到别人的成功都是用泪水和汗水换来的，都是用心血浇灌出来的。为此，那些抱怨的人又不免感慨：时光易逝，一转眼就老了，干什么都来不及了。

人生真的何时开始都为时未晚，重要的是要有一颗不服输、勇往直前的心。摩西奶奶76岁才开始画画，却红遍了全世界，成为每一位励志青年的标杆。那么你呢？如果摩西奶奶作为一个农妇能在七十六岁的时候拿起画笔，描绘人生，你还有什么是做不到而又不应该做的呢？从现在开始，别抱怨，遵循自己的内心勇敢地走出去，这样你才能成功地打开人生的局面，让人生真正切实地迈出第一步。

刘红初中毕业后没有考上好的高中，就上了个职高。她爸爸是邮电局的局长，在她刚毕业没多久，就给她在邮电局物色了一个刚毕业的中专生，叫姜杰。此时，刘红正在邮电局当临时工，爸爸计划给她找机会转正，而姜杰是个会计，刚刚分配到邮电局当正式工。姜杰长得眉清目秀，皮肤很白，人也很老实，老局长一下子就看上姜杰了。而对于家在农村的姜杰而言，能够在县城扎根，找个局长的女儿当媳妇，自然是求之不得。就这样，他们很快就举行了婚礼，开始了安安稳稳的小日子。虽然媳妇是临时工，但是有老丈人的帮助和接济，他们的日子倒也过得有滋有味。让姜杰满意的是，就连他们结婚的婚房，也是老丈人出了大部分的钱买下的。

转眼之间，十几年过去了，姜杰经过不懈努力，先是调动到市区，后来又调动到省会工作。如此一来，他们夫妻两地分居，姜杰对于家庭和孩子的照顾也越来越少。此时，刘红早已不当临时工了，又因为爸爸曾经是局长，她过起了三天打鱼两天晒网的生活，有容易赚钱的生意就做做，没有的话就用爸爸给的本金在家里炒股。随着姜杰调动到省城的时间越来越长，刘红动起了买房的心思，爸爸也很支持她，还说愿意帮她借钱付首付。然而，刘红合计来合计去，把家里的房子卖掉，再加上从爸爸那里得到的一些钱，以及这些年的积蓄，虽然付首付不成问题，但是以姜杰五六千元的工资，想要买到合适的房子显然月供压力巨大。其实，如果买老一些的房子，压力还是可以承受的，但是刘红始终觉得自己身份不同，要买新房，还要买好位置的、至少一百平米的房子。爸爸劝说她三口人可以买个八十多平米的，她很生气，说自己不能把房子越买越小。姐姐劝说她："你要是想买个大的，小姜工资又不高，不如你去了省城也找个工作，这样你至少能赚出吃饭吃菜的钱。"刘红发愁极了，说："我都40岁了呀，还能干什么呢？"姐姐不以为然："40岁怎么了，我比你还大五岁呢，我不也是在外面打工么！我还兼职好几份工作呢，赚钱哪有那么容易的。"就这样，刘红思来想去，为了逃避生活的责任，最终贻误了买房的好机会。半年后，当她再次下定决心要买房时，房价已经涨了一百万。刘红黯然神伤，如同霜打的茄子一般，心灰意冷。

如果刘红能够早些下定决心，愿意和姜杰并肩奋斗，其实结果会好很多。毕竟三口之家，在省城买一套八十几平的三居室，住着还是很轻松的。此外，如果她想买大房子、好房子，也可以出去找点儿事情做。哪怕学历不高，找不到薪水太高的工作，就算一个月挣两三千块钱，也能极大地缓解姜杰的压力，让一家三口团聚。遗憾的是，她瞻前顾后，才四十岁就说自己老了，什么也干不了，就要养老了。不得不说，姜杰当初找了个局长的女儿看似赚到了，实际上却是失策。没有工作不可怕，所谓的铁饭碗如今也不复存在，只要踏实肯干，愿意以努力勤奋改变命运，就能主宰人生。反之，如同乌龟一样缩在壳里，不但永远无法看到精彩的世界，也会使自己越来越胆怯，恨不得40岁就退休养老，再也不用面对压力巨大的生活和工作。

不要再把为时已晚挂在嘴边，很多时候不是时机晚了，而是我们的心濒临垂暮。否则，只要我们对生活满怀希望，对命运绝不屈服，就算我们到了摩西奶奶的年纪，也依然可以让人生扬帆起航。生命之河固然不可倒流，我们也无法控制生命的长度，但是我们却可以拓宽生命，让生命更加充实且有意义，这也就相当于延长了生命。越是在艰难坎坷的时候，越是在遭遇沉重打击的时候，我们越是要勇敢地面对人生，坚定不移地承担责任，更要满怀希望地再次扬起人生的风帆，让人生之舟义无反顾地远航。

不抗拒，远离拖延和抗拒

从本质上来讲，人人都有拖延症，因为人的本能就是趋利避害，对于自己喜欢做的事情趋之若鹜，对于自己不喜欢做的事情总是情不自禁地逃避。有些人暂时逃避之后，意识到那件事情自己是躲不过去的，因而还能鼓起勇气勇敢地面对，但是有的人却一味地逃避，甚至恨不得像鸵鸟一样把自己的脑袋埋在沙里，不愿意看现实的世界一眼，这样发展到最后，就会变成拖延，甚至成为拖延症。实际上，人们之所以拖延，就是因为潜意识里的抗拒。大多数人的拖延，都是针对自己不想做、不愿意做或者不擅长做的事情。举例而言，如果你告诉孩子要去游乐场玩耍，他们一定会马上欢呼雀跃，恨不得立即到达游乐场，痛痛快快地玩一番。但是如果你告诉孩子要写作业或者练习钢琴，他一定会愁眉不展，哪怕嘴上不说，心里也是一百个不愿意。在这样的心态下，他们的动作自然会放缓，因为他们不愿意积极地推动事情的进程。这就是人的本性，更是孩子的天性。因为孩子不善于掩饰，所以我们对于一切会看得更加清楚。

在成人身上，心底的抵触和抗拒虽然看起来没有那么明显，但是拖延却不可否认地存在着。如今，生活节奏快，工作压力大，很多年轻人都错过了婚恋的最佳时间，变成了大龄青年，成为名副其实的剩男、剩女。为此，心急如焚的父母总是给孩子安排各种各样的相亲，督促他们去解决人生大事。殊不知，现在的年轻人根本瞧不上相亲这种方式，因而在极度的抗拒下，他们或者找理由搪塞敷衍，把相亲的行程一拖再拖，或者即使去了，也是心不甘情不愿，还常常迟到。假如父母让女孩去巴黎时装周，让男孩去看贝克汉姆踢球，相信他们一定会迫不及待，绝不可能迟到。这就是心底的抗拒，它往往能够改变人们的行为，降低人们做事情的效率。所以不管是成人还是孩子，要想缓解拖延的症状，让他们当机立断，首先要做的就是消除他们心底的抗拒，让他们憧憬即将发生的事情，或者让他们意识到很多事情是逃不过去的，与其消极地逃避，不如勇敢地面对。当态度端正了，一切都会水到渠成。

不可否认的是，不管是在生活还是工作中，也不管是孩子还是成人，总会遇到自己不那么喜欢做甚至是排斥的事情。这也就决定了在人的一生之中，不可能每时每刻都满怀积极。然而，就如前文所说的，有的事情是不可逃避和拖延的，那么就要学会勇敢地面对。诸如马上又到开学的季节了，很多三岁的幼童必然要迈出人生中至关重要的一步——走进幼儿园。幼儿园当然没有家里好，所以很多孩子从一开始就抗拒幼儿园，也有的孩子在进入幼儿园几天之后，失去新鲜感，也开始抵触幼儿园。在这种情况下，有的父母会向孩子妥协，觉得孩子既然不愿意去幼儿园，就在家里玩几天，缓一缓再去。殊不知，这样的做法是完全错误的，最终会让孩子知道只要哭泣吵闹，就能不去幼儿园，由此他们找到了拖延的方式和理由。明智的父母会平静而又坚定地告诉孩子，每个孩子都要去幼儿园，哭也要去，笑也要去。那么对于三岁的孩子而言，很多道理都能听懂，相信他们心中会做出一定的选择。作为父母，更不能小看孩子的能力，觉得孩子听不懂道理，实际上很多孩子之所以不懂得道理，不是因为他们听不懂，而是因为父母从未给他们讲过。以这样坚定平和的方式消除孩子的抵触心理，让孩子勇敢地面对去幼儿园这件事情，孩子才能尽早接受现实，也不再盲目徒劳地消极抵抗幼儿园。

要想消除拖延的诱发因素，还要意识到有些人之所以拖延，是因为缺乏自信。人生从来不是一帆风顺的，每个人在人生路上难免会摔跟头，会遭遇各种各样的失败。大多数人的拖延都是因为没有信心。尤其是在已经失败的领域，再次去做的时候，当事人会有很多担心，或者害怕自己再次失败，或者害怕事情的结果达不到自己和他人的预期，或者害怕会使身边的人失望。其实，失败是成功之母，每个人做任何事情都不可能绝对成功。认识到这一点，我们心里的压力也会小一些。

此外，还有些人之所以拖延，没有任何心理方面的原因，只是因为他们天生就是慢性子，不管做什么事情都习惯慢慢吞吞的，哪怕火烧眉毛了，他们也不会着急起来。不得不说，这样的人只适合做职场上极少数的工作，大多数工作都讲求效率，领导也不可能任由他们这样拖延下去。所以这样的人就需要外力的推动，诸如在给他们安排工作的时候要规定时限，要不停地鞭策和督促他们加快速度。久而久之，他们的效率会有所提升。拖延的原因多种多样，既有性格上的，也有心理上的，还有各种人生经历带来的影响等。我们唯有找到根本原因，有的放矢地解决好拖延的问题，才能帮助自己和他人彻底戒除拖延症。

拖延症患者，一定要马上行动

顾名思义，所谓拖延症，就是对待任何事情都不能第一时间展开切实行动，而必须给自己找各种理由和借口，把工作无限延后，直到非做不可的时候，才仓促地开始行动，依然如同蜗牛一样慢慢吞吞，举步维艰。对于拖延症患者而言，哪怕完成某项任务的时间已经很少了，他们似乎也难以采取高效率的方式展开行动、处理问题。正如扁鹊所说，这样的人已经病入膏肓，无药可医。

现实生活中，很多人都有拖延症。也许有些朋友会狡辩，现在不就提倡慢生活吗？为何还要行色匆匆、忙得脚不沾地呢？的确，慢生活主张慢慢地享受生活，全心全意地专注于生活，但是生活不是度假，要想从容地享受慢生活，前提条件是必须提高工作效率，这样才能在工作之余有更多的时间休闲和度假。反之，假如我们工作效率极其低下，原本一天就能做好的工作非要三天，只怕连周末都要加班，根本没有机会享受慢生活。明智的人，在工作上绝不偷懒，如果能够提前一个小时完成工作，他们就会提前，这样哪怕不小心出现失误，也有时间去检查和弥补，或者一切顺利，那么可以悠闲地喝一杯咖啡，整理自己纷乱的思绪，岂不是很好吗？做任何事情，从容都是至高境界，远远比事到临头手忙脚乱要好。

很多时候，人们做事情都是一时兴起，一旦过了那个时间点，也许就不会激动了，甚至失去了付诸实施的意愿。例如，当一个人想起金点子，如果马上就能去做，也许这个金点子会变成现实。然而如果他只是想一想，告诉自己过几天再去做，那么这个金点子很有可能会变成空想，甚至在不断的拖延中再也不被提起。很多人的成功，其实就来自于一时激情的想象，也许有的朋友会说自己一天就能想出很多好点子，这不是关键，关键在于你要多久才能把一个点子变成现实。行动力，才是通往成功的必经之路，任何人要想获得成功，都无法绕过这段艰难而又重要的历程。

大学毕业后，张伟和林洋一起进入公司工作。他们是大学同班同学，能力也不相上下，按理说，他们在公司里的发展应该是齐头并进的。然而，进入公司一年多，张伟明显比林洋有了巨大的进步。他不但薪水已经得到一次提升，而且在部门里也深得领导器重，每次有好的机会，领导也总是愿意交给他。这到底是为什么呢？

原来，张伟是一个非常积极主动的人，对待工作，在完成分内之事后，他总是很热心地帮助其他同事。在同事感谢他时，他总说自己是在偷师学艺。这样同事们都很喜欢他。因为经常帮助其他同事完成工作，没过多久他就熟悉了很多本职之外的业务，这使得他在工作上取得了突飞猛进的进步。而林洋则不同，林洋比起张伟来非常懒惰，工作上倾向于保守。他总是说做得多错得多，与其因为多做多错被领导批评，还不如做好自己的本职工作，这样也能减少犯错的概率。这不，每当张伟主动找事做，林洋却在工位上无所事事，领导当然看在眼里。

近来，公司里有一次出国考察和交流的机会，老板特意交代领导要找一个擅长英语的年轻人同行。在听到张伟熟练纯正的英语之后，领导当即拍板，就让张伟同行。这时，林洋懊悔不已。原来，他和张伟大学刚毕业时，就曾约定一起去报名参加英语速成班，毕竟学校里学到的英语还不够，他们已意识到要提升英语的口语表达能力，这样才能学以致用。遗憾的是，张伟找到工作安排好生活后，马上就开始利用业余时间在培训班学习和练习，但是林洋却只顾着享受结束学业的轻松和悠闲，完全把这个计划忘到脑后了。可想而知，在未来的发展中，张伟已经比林洋领先了一大步。

其实，对于同一个学校毕业、进入同一家公司且都毫无经验的同学而言，人生的起点是完全相同的。但是，在短短的一年多时间里，张伟和林洋就有了巨大的差距，这完全是因为他们对待工作的态度不同，对待人生的态度也不同。张伟是一个典型的行动派，想到了就去做，没有工作就主动找工作做，他的原则就是宁愿累着，也不愿闲着，宁愿因为行动犯错，也不愿为了避免犯错而无所事事。林洋则恰恰相反，他在原本应该奋斗的时候选择了安逸，在原本应该拼搏的时刻选择了明哲保身，最终只能一事无成，被张伟远远地甩下。

战胜拖延症，是一项长期而又艰巨的任务，要讲究策略和方法，毕竟江山易改，秉性难移，拖延症并非一句警告或者劝解就能战胜的。在意识到拖延症带来的严重后果之后，我们可以针对自身的情况，选择合适的方法有的放矢地解决拖延症，诸如给任务分段，或者在战胜拖延之后给予自己奖励，这些都是顺手拈来的好办法，而且效果很不错。怎么样，马上就行动起来吧！

提醒自己后果严重，拖延症自然不治而愈

很多事情，说起来只是三言两语，真正做起来却很难。这是因为人都有劣根性，人具有理智，更是情感动物，所以更容易受到情感和本性的驱

使，而把暂时的理智抛诸脑后。当拖延症复发的时候。我们尽管不停地叮嘱自己不要拖延，但是拖延还是让我们深受困扰。哪怕我们的确采用了各种方式解除拖延症，拖延症也依然严重影响我们的工作和生活。在这种情况下，还有没有更加铁腕的手段，帮助我们对拖延症深恶痛绝，且绝不敢懈怠呢？

有一名野外长跑运动员，在经过教练长久的训练后，成绩虽然不错，但是距离夺冠还有可提升的空间。教练知道这名运动员还有潜力可挖，但是无论教练使用何种方法，运动员总是觉得自己的成绩已经达到预期，只要继续保持下去就好，正是在这种思想的影响下，他无形中禁锢了自己，导致成绩再也没有提升。思来想去，教练想出了一个好办法。在一次进行全程训练时，当运动员们跑到一半的时候，教练突然放出一条小狼。一个远动员发现身后居然有条狼，马上喊叫起来。这名很有潜质的运动员扭头看去，果然看到有一只毛茸茸的东西几乎就要咬到自己的脚后跟了，因而他马上不顾一切地狂奔起来。就这样，剩下的半程他根本不知道计算速度，只是一味没命地奔跑。好不容易跑到终点，小狼也气喘吁吁地跟在他身后冲过终点线，扑到教练怀里。这时，他依然惊魂未定，却看到小狼和教练非常亲昵。原来，这条小狼是教练喂养的宠物，是食草动物，并非茹毛饮血的狼。那么，再来看看这位选手的成绩吧，他居然突破了自己一直以来的纪录，比预定的时间提前了十几分钟到达终点。教练非常满意，说：“嗯，这样的成绩还可搏一搏，胜算也比较大。”运动员觉得很纳闷，因为他一直都觉得自己再也无法缩短一分一秒了。看着运动员疑惑的样子，教练得意地说：“其实，你还是有潜力的，只是你认定自己只能达到这个水平，因而限制了自己。在看到狼崽的时候，你吓得不假思索，一个劲地往前跑，这样才完全忘记了自己，跑出了新成绩。”运动员恍然大悟。

如果不是意识到后果严重，甚至生命受到威胁，也许这名很有潜力的运动员至今还在满足于自己曾经的成绩呢。但是在危机面前，一想到严重的后果，再想想生命只有一次，一旦错过就不可重来，强烈的求生欲望使他不遗余力地努力向前奔跑，最终成功突破自我，让自己的成绩前进了一大步。

很多时候，人们之所以拖延，是因为没有意识到后果的严重性。诸如人们在参加日常工作会议的时候会迟到，但是在赶飞机的时候却不会迟到；孩子们平日里上学会迟到，但是在中考以及高考时，却很少有孩子迟到，除非发生不可抗拒的意外事故，大多数孩子都能准时到达考场。这就是因为对待事情的重视程度不同，导致人们会出现选择性的拖延和守时。再如，一个人哪怕平日里再怎么喜欢睡懒觉，结婚当天也会早早起床，让自己成为最美丽的新娘或者最帅气的新郎，因为他（她）知道结婚是人生大事，要接受所有亲朋好友的见证。在职场上有一种非常奇怪的现象，即大多数雷厉风行的上司带出来的下属也都是雷厉风行的，而大多数和颜悦色、慢性子的上司带出来的下属也都是慢慢吞吞、不愠不火的。要想戒掉拖延的坏毛病，我们不妨想一想拖延的后果。如果后果严重，而只需要你适当地加快速度就能避免，你还会继续拖延下去吗？

计划中给出时限，才能提高效率

拖延形成的根本原因到底是什么呢？有些人天生就是慢性子，所以做任何事情都慢慢吞吞的，哪怕事情迫在眉睫，他们也无法因为着急而忙碌起来。有些人则是因为后天的不良习惯，最终养成拖延的恶习。既然是习惯，当然就是可以改变的，诸如在做事情的时候有意识地规定时限，对于长期的任务还可以给不同的阶段规定时限，这样坚持下去，拖延的坏习惯就能得以改变。最可怕的是，有些人对于自己的拖延无知无觉，根本意识不到自己是在拖延，当被催促的时候，他们还会觉得很委屈，觉得自己已经竭尽全力了。不管出于哪种情况的拖延，我们都要正视和面对，有意识地改变自己的行为习惯，从而提高效率。

在计划中给出时限，从而督促自己高效率地解决问题，督促自己加快行动的节奏，这是戒掉拖延症的好方法。很多拖延症患者都会把拖延的原因归咎于外界，或者抱怨条件不给力，或者抱怨合作伙伴没到位，或者抱怨他人没有解释清楚要求，这样无疑是自欺欺人的。很多时候，还有些人会因为意志力薄弱，做事情总是半途而废，无法坚持到底，不得不说这是因为自身缺乏毅力导致的。假如能够提升自己的意志力，让自己变得坚韧不拔，那么哪怕遭遇更多的坎坷和挫折，也总能够不遗余力地进行下去，这样才能避免拖延的噩运，迎来好的结果。哪怕是一时冲动想要做某件事情，真正意志坚强的人，也会一往无前，直到取得最终的结果。

很多人对于拖延的而过觉得无所谓，非常轻视，拖延不仅会给我们的人生带来严重的后果，还会让我们陷入无穷无尽的烦恼之中。趁着拖延还没有让人生无法挽回，我们要从现在开始就给自己设定完成各种事情的期限。古人云，“明日复明日，明日何其多，我生待明日，万事成蹉跎”。就告诉我们，拖延最终会使人生成为不可追忆的往昔，人生也必然在拖延中彻底消失。常言道，有志者立志长，无知者常立志。树立志向只是人生的第一步，唯有坚持梦想、持之以恒，也要根据计划按部就班地完成每个人生阶段的重任，才能让人生更充实，才能让未来更可把握。

琳达是一名自由职业者，主要负责给图书配图。因为工作时间灵活自由，也不像全职工作者那样必须按时按点地上班，所以她深受拖延症的折磨。刚刚从事自由工作时，琳达每天都睡到自然醒，再洗漱完，往往已经到中午时分了。一个月之后，琳达决定不再放纵自己，而是要按时按点地起床，充实地度过每一天。但是，第一天，她失败了，虽然闹铃八点就响了，但是她直到十一点多才起床。第二天，闹铃七点半就响了，她关掉闹铃，继续昏昏沉沉地睡去，直到十点多才起床。接下来的每一天，她都不能按时起床，而且睡得时间越长，越觉得困倦。最终，她不得不让朋友到她家里来，把她摇晃醒。转眼之间，她接到的第一份配图工作距离交稿还有十天的时间，但是她的工作完成了还不到四分之一。琳达真的要崩溃了，这可是自砸招牌的事情啊。为此在剩下的十天里，她每天都工作到凌晨，彻底变成了熊猫眼，也使自己变成了昼伏夜出的蝙蝠，可想而知工作效率并不高，工作的质量也没有保障。

第一次交稿，琳达就被客户提出各种意见，但是好歹给了她更多的时间进行修改和完善。时间一充裕，琳达的拖延症又犯了。为了帮助琳达彻底戒掉拖延症，朋友不得不入住她的家里，以强势手段帮她养成良好的作息习惯。后来，琳达也给自己制订了详细的工作计划，每天都要在规定的时间里完成一定的工作量，否则就不能吃饭睡觉。如此逼了自己一段时间，她的拖延症有了大大的好转。

很多人都觉得计划只是一种形式，没有太大的作用，甚至还会变成一纸空文。实际上，计划是否只是形式，并非取决于计划本身，而是取决于我们执行计划的力度和决心。当我们戒掉拖延的坏毛病，每天都按照计划完成工作，兑现生活的许诺，就会感到非常充实，似乎每一天都是有意义的，都是让人愉快的。反之，当我们把辛辛苦苦制订的计划抛到脑后，而肆意地拖延时间，那么我们的内心一定感到空虚和惶惑不安。当你习惯于计划，习惯于在规定的时间内完成工作，你才能心无旁骛地休闲，也才能更好地享受生活。

很多人之所以拖延，归根结底是因为缺乏意志力。当我们在制订计划的时候规定时限，甚至规定具体的时间，在第一次努力按照计划完成生活和工作时，我们会感受到成就感，也为自己的坚韧不拔点赞。这样充实而又脚踏实地的感受，是每个人都愿意拥有的。从现在开始不要再为自己无限的拖延而觉得心虚，努力完成计划，你就会感受到不拖延的美好生活。

第10章

凡事提前筹划：心中有底气才能不焦虑

焦虑是一堵墙，把我们与快乐远远隔开，让我们对快乐可望而不可即。任何人一旦被焦虑困扰，人生就会失去快乐，更与淡定从容无缘。每一个快乐的人，必然能够从根本上杜绝焦虑，在人生之中常常未雨绸缪，才能凡事提前规划好，做到从容应对，不骄不躁。古人说，凡事预则立，不预则废。既然如此，我们更应该提前规划人生，做人生的主宰，让人生静水流深。

工作有轻重缓急，才能秩序井然

现代社会生活节奏越来越快，工作压力越来越大，每个人的生存都要付出加倍的努力，尤其是在各种激烈的竞争中，不管是孩子还是成人，都要以“拼”字当头，才能鼓起勇气来面对生活和工作，也才能在社会上为自己赢得一席之地。然而，人生不如意十之八九，命运有的时候总是反复无常，越是害怕出错，越会出错，导致我们陷入被动，甚至因此受到上司的批评和指责，也无法如愿以偿得到自己想要的生活。那么，我们要怎么做，才能拥有更从容的生活，才能在工作中淡然自若，把一切都处理得井井有条呢？或者退一步说，哪怕我们在工作上没有突出的表现，但是只要能够得到上司的认可，做好本职工作，不再被批评，也是很好的。

有一点是可以肯定的，那就是即便科学家说人的潜力是无穷的，也无法改变人的时间和精力有限的事实。尤其是时间，对每个人而言都非常公平，一天24个小时，1个小时60分钟，1分钟60秒，时间从不偏爱任何人，也不袒护任何人。同样的，每个人也根本不知道人生的长度到底有多长，更不知道自己的生命在何时就会以突如其来的原因戛然而止。毋庸置疑，我们无法控制生命的长度，但是我们却可以通过努力，拓宽生命，让有限的生命充实而又意义，这样我们就与生命交好，也成功地主宰了命运。

尤其是在职场上，很多朋友每天都忙忙碌碌，却如同无头苍蝇一样始终找不到人生的方向，这就注定了他们的忙碌变成了瞎忙，他们的人生更是迷失在无休止的忙碌之中，始终效率低下。还记得小时候吗，当你疲于学习的时候，有些同学每天都学得很轻松，该玩就玩，从来不会把所有的时间都投入学习中。但让人惊讶的是，他们的成绩却非常好。和那些勤学苦学、学习成绩却始终无法大幅提高的同学相比，他们简直就是在度假。归根结底，并非因为他们多聪明，也不是命运偏爱他们，让他们在学习上不劳而获，而是因为他们掌握了学习的方法，对于学习任务能够分出轻重缓急，因而总是对学习胸有成竹，运筹帷幄，最终效率倍增。走上工作岗位之后，你也会发现有很多同事就像学习上的尖子生，轻轻松松就能搞定工作上的很多事宜，所以总是有闲暇时间享受生活，也有更多的空闲让身心都得到休憩。

要想做到这一点，我们就要在工作上提前规划，未雨绸缪。很多事情都是有轻重缓急的，唯有根据事情的性质和急迫的程度把各项工作进行合理排序和归类，我们工作时才能秩序井然，绝不手忙脚乱。当工作效率成倍增长，你自然也拥有了更多的时间提升和充实自己，享受生活，陪伴自己所爱的人。所以朋友们，一定要记住，忙碌固然好，但是一味地瞎忙就不好了。当发现忙碌却没有收到预期的效果时，我们一定要调整生活和工作的思路，让自己有的放矢地忙起来。

陈浩是职场新人，从进入公司的第一天开始，他就忙得如同陀螺一样。每天中午，办公室里的其他同事都去吃饭了，唯独他还坐在办公室里整理文件，等到大家吃饭回来，他又饿得受不了，只胡乱吃点儿面包垫垫肚子。等到下午下班的时候，办公室里除他之外更是空无一人。但是，让同事们奇怪的是，陈浩虽然这么忙，却总是因为工作完成得不够好被领导批评，领导甚至还说如果过了试用期，陈浩依然这样百无一用，那就只能走人了。

陈浩为此很紧张，也不知道自己的错误出在哪里。他很委屈，因为他真的如同陀螺一样每天恨不得连轴转，片刻也不停歇。眼看着试用期即将结束，他只好请求一个老同事，让老同事帮他分析问题到底出在哪里。老同事看着陈浩真诚的眼神，一字一句地说："陈浩，工作就是工作，生活就是生活，你知道为什么同事们都不喜欢你吗？因为你总是在大家休息的时候加班，在你之前，办公室里没有任何人加班，这使得同事们很有压力，他们自然不愿意为你说话。此外，你总是如同无头苍蝇一样到处乱撞，你做的很多工作并非你的分内之事，说白了，这些工作做好了没有功劳，最错了却会挨批评。当你因为这些工作耽误了本职工作，领导当然会毫不留情地批评你。而且，我经过观察发现，你对于工作的轻重缓急也没有区分。比如昨天吧，领导之所以批评你，是因为你没有写完他交代下午就要用的文稿。你只顾着处理手头的事情，根本没把领导的交代放在心上。结果领导下午来拿文稿去开会时，却发现你根本没动工，可想而知他多么被动，心里也必然窝火。"陈浩恍然大悟，这才意识到自己的很多工作原来做的都是无用功。老同事继续语重心长地说："难道你不纳闷为何大家都有时间午休，还会喝下午茶，但你却总是忙得脚不沾地吗？工作也像是列车时刻表一样，必须秩序井然，才能效率倍增。就像你去理发店理发，如果你又要染发又要烫发，那么理发师一定会先给你染发，然后给你烫发，最后才给你修剪。否则，一旦他颠倒了顺序，就会损害你的发质，也会使最终的发型设计受到影响。"在老同事的提醒和分析下，陈浩这才意识到自己的问题所在。经过一段时间的调整，他终于做到秩序井然地工作，效率倍增，再也不总是被领导批评了。

当你的面前堆积着如同小山一样的文件和报表时，你还能笑起来吗？你还能觉得工作轻松自如、悠然惬意吗？当然不能。但是如果你能分清楚工作的轻重缓急，对于繁重的工作整理出一定的顺序，从而按照顺序逐一完成，那么即使你不轻松，也不至于被工作追得连喘息的时间都没有。早在初中时，我们就学过一篇关于统筹的课文，相信很多朋友都知道统筹对于繁重工作的重要意义。那么从现在开始不要抱怨，也不要漫无目的地在工作的海洋中遨游，而要赶紧捋清思路，才能对工作得心应手。

对每个人而言，管理好时间都是至关重要的，只有有效利用时间才能提高工作效率。当你因为不懂得规划时间，而被时间追赶着在生活和工作中疲于奔命时，当你把一切都搞得如同一团乱麻般毫无头绪时，你最应该做的就是放下手中的一切，统筹好时间。所谓磨刀不误砍柴工，暂时的休憩和整理，才能使你更加卓有成效地投入到生活与工作之中，让一切都效率倍增。

学会管理，才是领导者的根本

在职场上，每个人都有自身的角色：作为下属，就脚踏实地做好自己分内之事，从而争取得到更好的发展机会；作为上司，就要懂得调兵遣将，把所辖部门管理得井井有条，不要本末倒置，只知道为下属做好服务工作，却完全忘记了领导者的根本是管理。细心的朋友们会发现两个极端有趣的现象，有些领导是统筹这个部门或者公司，调兵遣将，游刃有余，有的领导则成为下属的下属，总是因为下属的不足和错误陷入被动，被下属指使，也被下属连累。不得不说，前者是合格的领导，后者只是不懂得当领导的领导，所以才会在管理工作上如此被动。

那么，对于这样事必躬亲的领导，下属的感觉又是怎样的呢？也许有人觉得作为下属，有幸遇到这样的领导，当然会感到很幸运。其实不然，作为下属，并不喜欢这样大包大揽、事必躬亲的领导。因为每个人都有自己的工作范围，谁也不愿意整天被领导盯着去完成工作。换言之，不管下属以怎样的方式工作，只要圆满完成工作任务，就是值得肯定的。越是能力强的下属，越不愿意整日如芒在背，感到后背上长了一双眼睛。

这就像是父母对待孩子一样。如果父母对于孩子总是大包大揽，不管做什么事情都为孩子代劳，那么孩子永远也长不大。反之，真正明智的父母，懂得孩子不可能在父母的翼护下度过一生，因而早早地就会放手，让孩子按照自己的意愿做出决定，也拥有属于自己的人生。也许这样孩子会吃很多苦头，但是他们的人生必然先苦后甜，因为当同龄人还在父母的怀抱中时，他们已经有能力独行天下了。所以作为公司的领导者，一定要准确定位自己的身份，千万不要因为不放心，就把下属都当成无法自立的孩子。为了让自己从繁琐的事物中解放出来，做更有意义的决策，领导者必须果断放手，让下属快速成长。

亨利是欧洲的一个大富豪，把事业经营得风生水起。其实，他并没有独特的天赋，尤其在管理方面，他更是如同放羊一样对待下属。在他的公司里，每件事物都有相对应的责任人，所以他完全不必为了那些小事和大事烦忧。当然，下属难免会犯错误，但是亨利愿意付出这样的代价，帮助下属成长，也帮助自己从繁杂的事务中脱身，从而把握公司的发展方向，决策公司的重大事情。

公司的每一个人，包括基层员工和中高层管理者在内，全都对亨利感到很满意。尤其是亨利很善于放权，对于他点头通过的事情，他再也不闻不问，而任由下属们发挥实力，做到最好。例如，在安排公司的重大决策时，也许有些老板会喋喋不休，但是到了亨利这里，就只有一句话，比如，“接下来我们要进军非洲市场，由约翰负责”。这样一句言简意赅的话之后，亨利不会再就如何进军做出解释，也不会规定约翰的工作方式，约翰只需要像从事自己的事业一样尽心尽力地去做就行了。正是因为亨利一贯以来对下属的信任，所以他真正做到了强将手下无弱兵。随便从他的公司里挑选出来一个中层或者高层管理者，都能负责整个公司的运转。当然，亨利为此给了下属们很丰厚的回报，这也是他的下属们哪怕能力达到一定高度，却依然不愿意离开亨利另立门户的原因。这样的付出对亨利而言完全是值得的，就像有一年，他曾经离开公司彻底消失，过起隐居的生活，但是他的公司丝毫不受影响，每个人都如同拧紧发条的闹钟，一刻也不停地运转着。

亨利的确有一套属于自己的带人方法，所以他才能培养出这些忠心耿耿的得力干将。也正因为如此，他才能从繁琐的事物中脱身，做自己该做的事情，为公司的大方向把关。相信下属们也都很喜欢亨利这样的工作方式，这使他们真正把工作当成自己要毕生从事的事业，全力以赴，丝毫不敢懈怠。

从规模的角度而言，凡事亲力亲为的人只适合带领几个下属，而一旦事业做大，或公司发展壮大，他们就会被弄的焦头烂额，分身乏术。如果你也是领导，那么一定要记住你的角色是调兵遣将，而不是事必躬亲。刚开始你也许会觉得有些不放心，没关系，随着下属的不断成长，你对他们也会越来越有信心，最终你一定会成为一个真正的领导者。

安排好时间，一切都更从容

时间对每个人来说都是公平的，不管你是穷人还是富人，不管你是普通人还是高官，你所拥有的时间都没有改变。时间是组成生命的材料，而每个人的生命都是有限的。我们无法控制生命的长度，更不知道人生会在何时以何种方式结束，既然如此，就让我们把握生命中的每一天，把每一天都当成最后一天那样充实地度过。这样一来，我们无形中就拓宽了生命的宽度，也使得我们的人生变得更有意义。

一个人，即使拥有远大的志向，如果始终不能把一切设想都落到实处，那么也必然会让人生空洞。有意义的人生，从来不会浪费宝贵的时间。把握时间的方式有很多，珍惜时间固然是优秀的品质，提升在有限时间里的效率，让有限的人生散发出无限的光芒，同样是对时间的一种把握。生活中，有很多人都对时间漫不经心，更有很多年轻人仗着自己还年轻，肆意挥霍时间。不得不说，浪费自己的时间是慢性自杀，浪费他人的时间是谋财害命，一个真正值得尊重的人首先是守时的人，其次才能寻找到人生的意义，让人生充实丰满。

大多数成功者，都是与时间赛跑的人。那些举世闻名的科学家，无一不投入所有的时间和精力全神贯注地做好一件事情。当我们跑到时间前面时，我们也许就能把一天24个小时变成30个小时。如果我们远远地被时间甩下，那么我们一天的二十四个小时也许就会大幅缩水，甚至变成20个小时。这样一来，我们与成功者之间就每天都相差10个小时，也难怪成功者总是遥遥领先于我们，让我们即使竭尽全力，也无法追上时间的脚步。古人云，一着不慎满盘皆输，我们也要说，一旦错过时间，就要付出加倍的努力才能追赶上。对于意志力薄弱的人，也许就这样败给了时间，也让人生变得默默无闻。

现代职场，人们每天都在进行快节奏的生活，更是被沉重的工作压得抬不起头来。时间似乎转瞬即逝，又化作生命中很多的收获。所以作为职场人士要想取得成功，就更要不遗余力地跑到时间前面，也跑到那些与我们旗鼓相当的人前面。有的时候，抓住时间就是抓住机遇，就会赢得机会。一个人即便能力再强，如果不能合理地利用时间，人生也会大打折扣。其实，要想高效利用时间，还可以采取统筹的方法安排时间，这样原本用于做一件事情的时间可以用来做好几件事情，当然就相当于延长了生命的长度，拓展了生命的意义。

大多数自主创业者在事业刚刚起步的前几年，总是非常忙碌，根本没有时间休息，更别说抽出时间来陪伴家人了。然而，这一点在刘猛身上却协调得非常好。刘猛不但把事业做得风生水起，而且更是一个合格的丈夫和爸爸，也是一个孝顺的儿子。很多人都疑惑刘猛是如何做到这一点的，刘猛总是笑着说："如果想做到，总是可以做到的。"

原来，刘猛也很忙碌，但是除非有应酬，他一到下班时间就回家，与此同时，他也不要求下属们加班。他总说，一个人只有成功地生活，才能高效地工作。一个人如果连生活都安排不好，工作上也必然失败。回到家之后，刘猛很少再工作，而是全心全意地陪伴妻子和孩子。为了弥补工作时间的不足，他会比下属提前两个小时到达单位。诸如大家都是九点上班，他却七点就到单位，先制订好一天的工作计划，处理最着急的工作，再浏览时事新闻，准备会晤客户的资料。等到大家都来上班时，勤奋的刘猛已经处理完一天之中的大部分工作，这样等到公司开始运转时，不管遇到什么突发状况，他都能抽出时间来处理。每天吃午饭时，刘猛从不单独一个人，他或者邀请客户共进午餐，或者在与客户没有安排的时候，就选择和一位下属一起用餐。借着吃饭的时间，他们可以进行简单的交流，由于气氛轻松惬意，交流的效果往往很好。就这样，整个白天刘猛都像个陀螺一样高速旋转，正因为如此，在下午下班之后，他才能心无旁骛，也不会因为工作上的事情分神。

和大多数创业者不同，刘猛把自己的时间安排得非常合理。他之所以不像其他创业者那么忙碌，就是因为他很善于统筹利用时间，也能最大限度提高时间的利用率，从而事半功倍。和那些因为忙于工作、而忽略了家庭和亲人的人相比，刘猛无疑是人生赢家，也是时间的主人。

对任何人而言，时间都是非常公平的。不管我们是在忙碌还是在发呆，也不管我们是在奔波还是在原地踏步，时间的脚步从来不会停下来等我们，也不会因为各种原因突然加快。时间就这样滴滴答答地往前走，我们与时间并驾齐驱，才有机会成为人生的领跑者，才能更从容地享受生命中美好的时光。

清晰的思路，让你享受工作

有些人心思缜密，不管是对待生活还是对待工作，都一丝不苟，严谨认真。这样的人就像是以严谨闻名于世的德国人，让人很愿意与他们合作，一起工作，但是这种僵硬的认真态度如果用于生活，就会显得过于严肃，甚至让轻松活泼的人不适应。和他们相比，有些人则完全相反，他们总是粗心大意，哪怕对于严肃认真的事情也能犯粗糙的错误。这样的人在生活中就像开心果，也因为大大咧咧，总是带给人轻松，但是放在工作中无疑不是好的合作伙伴，甚至还会给他人带来严重的惊吓。不得不说，这两种人完全是极端。

在这里，我们不讨论生活更欢迎哪种人，而要来讨论工作更适合哪种人。毕竟，工作是生活的手段，现代社会中的每个人，除了孩子还不具备工作能力，以及老人已经退休颐养天年外，大多数人只有努力工作，才能养活自己，才能承担起照顾家庭的重任。所以对任何人而言，工作都是至关重要的。那么如何做好工作，在工作中效率倍增，是我们每个人都要面对的问题。有些人觉得对工作毫无兴趣，之所以坚持工作，只是为了维持生活，不得不说，这样的工作状态使人非常痛苦，毕竟在每个工作日的白天我们都要工作，如果工作对我们而言是折磨，可想而知我们的人生多么暗淡。

人除了吃饭睡觉外，在劳动年龄内，大部分时间都在工作。所以理智的人会找到一种合适的方法，找到工作的乐趣，真正做到享受工作。这样的人生，才是充实而有意义的人生，才是幸福而又快乐的人生。

笛卡尔说，我思故我在。只要活着，每个人的大脑都会不停地运转，进行思考。当有一天我们的意识不在了，那么我们的生命也将宣告结束。所以人都会做梦，即使在睡眠状态下，脑袋也如同高速运转的机器一样继续工作。可以说，一个人拥有怎样的人生，客观外界的条件固然重要，但是他内心的思想和意识起到决定性作用。人在职场，要想获得成功，平步青云，就必须多动脑筋，找到工作的乐趣，才能事半功倍、效率倍增。不可否认的是，混迹于职场并不容易，尤其想要在职场立足，更是难上加难。很多职场人士都曾经历过工作上的紧张和急迫，也知道面对工作只能积极地寻找好办法，而不能消极地抵抗。所以我们要发自内心地接受工作，把工作变成人生中必不可少的组成部分，才能做到高效率地工作，轻松地享受工作。

在没有成为举世闻名的戏剧大师之前，莎士比亚只是一个非常平凡的年轻人。因为喜欢戏剧表演，他自发学习了一些戏剧知识，还总是找机会去剧院里观看戏剧。有一次，因为有个演员没有如期赶到剧院，所以剧院老板请莎士比亚作为临时演员。原本，剧院老板对莎士比亚根本不抱什么希望，却没想到莎士比亚非常认真，争分夺秒地记熟台词，而且全身心投入演出之中。莎士比亚的出色表演让剧院老板刮目相看，因而他随后得到了更多登台演出的机会。因为和戏剧的密切接触，莎士比亚突发奇想，决定自己写剧本。他当机立断，马上开始写，而且他的剧本真的被搬到舞台上了。从此之后，他对于剧本创作更加热爱，最终成为伟大的戏剧作家，赢得了全世界人民的喜爱。

莎士比亚显然很清楚自己喜欢什么，也的确切实去做了。如果不是因为临时当戏剧演员，如果不是突发奇想开始写剧本，如果不是具有执行力当机立断，并且写出了优秀的剧本，也许这个世界上就少了一位天才的戏剧家。可以说，莎士比亚对于戏剧的喜爱并非偶然，而他走上戏剧创作的道路，更是有迹可循的。

人们常说，干一行爱一行，却不知道最幸运的是爱一行干一行。任何时候，我们都不能把工作看成是一种负担，虽然我们要靠工作谋生，但是我们也可以把工作作为自己的乐趣去发展，端正自己对工作的态度，从工作中得到欢乐，寻找契机把工作发展为值得托付一生的事业。

常言道，世界上的事情，最怕认真二字。对待工作，当然也是如此。当我们全身心地投入到工作之中，发现工作的乐趣，也在工作上做出成就，那么我们就能把简单的事情做到极致，也在原本枯燥的工作中挖掘出人生快乐的源泉。对待工作，我们要问清自己的心，知道自己想要得到怎样的结果，也知道工作对于自己的意义，更清晰地明确自身在工作发展上的方向和目标。

摆脱恶性循环，充满正能量

很多时候，我们的情绪会陷入恶性循环之中，诸如我们越是烦躁不安，越是看什么都不顺眼，越是做什么事情都不顺利，而反过来一切的看不惯和不顺利，又使我们的情绪更加糟糕，甚至导致我们歇斯底里，情绪彻底失控。喜欢看影视剧的朋友们会发现，很多时候一件恶性事件的酿成，并非因为多么严重的原因，而很有可能起源于一件不起眼的小事。当小事愈演愈烈，事情的发展也就会渐渐超出我们的控制范畴，导致彻底失控。人生真正的强者，未必都是有能力的人，而是能够控制自身的情绪，在冲动之中恢复理智的人。要知道，任何情况下，歇斯底里的状况除了使情况更糟糕外，根本于事无补。

一个人要想真正做好一件事，早在谋划的时候，就要想到好的一面，也要预想到坏的结果。唯有做好充分的准备，才能从容迎接未知的结果，做到胜不骄、败不馁，戒骄戒躁，从而从容淡然。大家都知道，对成功而言，除了诸多方面的因素外，还需要超强的专注力。诸如爱迪生如果不专注于科学研究，致力于寻找灯丝材料，就无法发明电灯，整个世界也会延迟迎来光明。获得诺贝尔奖的屠呦呦，几十年来始终埋首于实验室，才获得了今日的成就。在这个世界上，没有人的成功是一蹴而就的，天上更不会掉馅饼。我们唯有摆脱恶性循环，以正能量积极面对人生，坚定不移地朝着自己的理想奋进，才能最终有所成就，获得成功。

作为一名幼儿园老师，每到开学季，简直就是梦魇。毛老师从幼师毕业，已经从事了十年幼儿教师的工作。这个暑假，是她感觉最糟糕的暑假。原来，在暑假的适应班里，毛老师迎来了一个特别爱哭闹的孩子。这个孩子似乎有点儿自闭症的倾向，对于老师说的话听不到心里去，而且稍有不如意，就会在地上打滚，对于这个完全不受指挥又哭闹不止的孩子，毛老师的耐心都耗尽了，恨不得立马辞职，一辈子再也不走进幼儿园。

就这样，毛老师因为孩子引起的紧张焦虑，渐渐影响到她工作的状态。有段时间，她甚至真的为自己写好了一封辞职信，只等着哪天实在忍受不下去的时候，就交给园长。幸好开学没多久，就到了教师节。当天早晨，看着刚刚认识不久的孩子们，有的捧着鲜花，有的捧着巧克力，来到教室祝福她节日快乐，毛老师心里瞬间就充满了幸福。一双双孩子的眼睛，是那么纯净清澈，没有任何杂念。他们的祝福是世界上最美好真挚的祝福，他们的信赖是这个世界上最值得珍惜的信赖。毛老师撕掉辞职信，又开始热爱这个美好的职业。

如果不是教师节的到来，也许毛老师还在恶性循环之中无法摆脱出来。实际上，人看似聪明，很多时候都会被自己内心的怪圈限制住。任何情况下，我们唯有从内心的怪圈里跳出来，才能拥有从容豁达的人生。遇到烦恼的时候，不如多看一看想一想好的方面，唯有如此，才能更好地平复自己的内心，让人生更加从容坚定。

每个人都是社会的人，都是群体的人，都要在群体之中生活，都要尽量符合社会的标准。当外界变得复杂时，我们要平复自己的内心，把持自己的内心，唯有如此，我们才能避免随波逐流，也不会因为心绪混乱导致一切更糟糕。既然知道自己置身于恶性循环，那就停下来，看清楚自己的内心，集中所有的精神和意志，把自己带到美好的人生状态。

做好预案，才能处变不惊

人生最大的魅力在于其未知性，每个人活着，也许可以预期自己的未来，却不知道明天和意外到底哪个先来。因而有些人活得稀里糊涂，非常懵懂，有些人活得心智清明，知道自己该把握哪些，放弃哪些。即便如此，未雨绸缪也并非不可能，毕竟到来的意外既可能是惊喜，也可能是惊吓，而且意外也并非总是到来。当意外不来的时候，人生还是很顺从的，可以朝着我们预期的方向不断发展。即便有一点点偏离，我们也可以根据预案处理。

人生就像在大海上航行，即便是经验丰富的舵手也要依靠指南针和罗盘来确定方向，否则就会迷失在漫无边际的大海上。在即将靠岸时，我们还要牢记灯塔的所在，不断地修正方向，让航行有的放矢，始终在既定的航线上。唯有如此，我们才能达到既定的目标，绝不因为人生白白浪费了时间而懊恼。

也许有些朋友会说，既然人生的本质就是未知的，又何必白白浪费力气去规划呢，因为即使规划好了，一切也未必会按照既定的方向发展。如此，还不如什么也不想，就这样循着人生的痕迹走去。这么说当然也有一定的道理，但是人生的计划未必都是徒劳的。在意外不发生的情况下，计划能起到一定的指引作用，避免人生因为太随意而一事无成。细心的朋友们会发现，大多数成功者都是有人生规划的。哈佛大学的教授曾经针对一千名即将毕业的学生进行调查，最终发现只有极少数学生对于人生有明确的规划。时隔三十年，当教授再次找到这1000名学生中的九百多名进行跟踪调查时，结果显示对于人生有明确规划的学生大多数有所成就，生活在社会上层，而那些对于人生毫无规划的学生，几乎都过着普通的生活，并没有突出的成就。由此可见，规划对于人生的发展至关重要，很多时候我们唯有做好预案，才能灵活自如地应对人生。

很多时候，我们总是羡慕那些在生活中处变不惊的人，对他们的淡定从容钦佩不已。实际上，我们完全有理由相信，他们在真正面对这些尴尬的处境之前，一定设想过有可能出现这样的局面，甚至还想象过要采取怎样的解决方法。毕竟，人生不可能永远都朝着好的方面发展，很多时候，人生会偏离既定的轨道，出现失误，甚至产生惊吓。唯有提前做好预案，才能在面对人生中各种突发情况和意外的时候，绝不惊慌失措，而是理智镇定地面对和解决问题。

其实，不管是个人还是国家，都需要做好各种预案。例如，在汶川大地震发生之后，国家马上就做出反应，第一时间调集官兵赶往震区，还调集很多物资抗震救灾。一切都进行得有条不紊，虽然面临大灾，但是国家的处理给予了人民莫大的信心。这其实就是预案的作用。我们虽然是个体，生活在社会的最基层，但是人生很难一帆风顺，这也注定了我们难免在人生之中会遇到各种突发状况。这种情况下，我们当然要未雨绸缪，才能把事情处理得更好。需要注意的是，未雨绸缪不是杞人忧天，一定要适度，才能起到最好的效果。

往往，生命的转折点并非出现在那些重要的时刻，而是出现在人生中漫不经心的那一刻。唯有提前做好准备，我们才能处变不惊，从容面对人生的各种意外。曾经有人说，人生就是向死而生，这个道理很多人都懂得，但是真正能用这句话来作为人生指导的人，却少之又少。尽管作为凡夫俗子，我们的人生也不会始终波澜不惊。就像在海上，也许前一刻还是风平浪静，后一刻就会狂风大作。所以我们要做好完全的准备，迎接人生的风浪，勇敢面对人生的各种变故，最终成功接纳人生的所有。

第 11 章

减少一些欲望：吾心安处焦虑自然消亡

每个人都有欲望，合理的欲望能够促使人生不断圆满，但是不合理的欲望，则会让人生陷入一个又一个黑洞，被吞噬，被灭亡。因而，欲望也是一把双刃剑，对人生既有积极的态度和意义，也有消极的态度和意义。现实生活中，我们常常为了满足欲望而不懈地努力和奋斗，却也因为无休止的欲望而沉沦。一个真正理智的人，会很好地控制欲望，让合理的欲望对人生发挥积极的作用。

摆脱贪婪，人生不再焦灼不安

随着社会的发展，人们对于金钱和物质的追求越来越急切，欲望的沟壑已经淹没了人心，使人们随着欲望沉浮，甚至在人生的海洋上茫然不知所踪，更无法找到最初的方向。毋庸置疑，欲望已经进入了极度膨胀的时代，人心也变得贪婪，被各种物欲挤压，失去了原本的纯真和善良。金钱名利和权势固然重要，也能够给我们提供物质极大丰富的生活，但是那一切真的是我们人生的所有追求，而且也能给我们带来纯粹极致的快乐吗？当然不能。任何情况下，被欲望胁迫的生活，在欲望满足的那一刻也许会得到片刻满足，最终却很空虚，再也无法找到内心的宁静。

很多时候，我们的心之所以不安宁，我们的人生之所以惶惑不安，并非完全因为外界的喧嚣，而是因为我们内心的贪婪和无知。不可否认，人有很多劣根性，其中贪婪就是最严重的一条，也会给生活带来很多的负面影响。唯有超然物外的人，才知道生命的最终目的是获得体验和感受，而所谓的身外之物，哪怕代表着金钱、名利，也只是生不带来、死不带去的浮云。现实生活中，很多富翁为了赚取更多的金钱，总是不遗余力地拼搏，每天甚至根本抽不出时间来陪伴孩子和家人。直到年华老去，积劳成疾，他们才意识到前半生拿命换钱也许可以实现，但是后半生用钱买命，却是万万不能的。所以哪怕他们再怎么努力，愿意付出所有来换回健康的生命，来争取更多的时间陪伴生命中最重要的人，也是不可能了。人生短暂，与其等到不能挽回时再追悔莫及，不如从现在开始就努力看开一些，豁达对待人生，从而摆脱欲望的驱使，成为欲望的主人，从容安然地安排和享受生活。

作为音乐学院的学生，朱莉自身条件不错，不但长得漂亮，而且身材高挑，非常出众。早在大一，朱莉就谈了个男朋友。因为朱莉家境富裕，男朋友家也有家族企业，所以朱莉早早地就过上了富太太的生活，根本不像是清贫的学生。在学校里，朱莉成为风尚的引领者，几乎每天穿的衣服都不带重样的。偶尔，她是可爱的萝莉；偶尔，又是成熟干练的职场女性；偶尔，还是淑女风或者熟女风……总而言之，学校变成了朱莉的秀场，她每天都在不遗余力地展现自己的美丽。很多女生都羡慕朱莉，朱莉为此更加沾沾自喜起来。有一次，朱莉过生日，已经有了满柜子的包包、鞋子和数不清的漂亮时装的朱莉，居然要求男朋友送她一辆跑车。虽然男朋友向来挥金如土，也对朱莉有求必应，但还是觉得以朱莉的学生身份，开一辆跑车未免有些太扎眼，而且他和朱莉毕竟没有确立关系，也没法和父母提出要几百万的跑车送朱莉。为此，男朋友拒绝了朱莉的请求，朱莉为此感到很不满意。

一个偶然的机会，朱莉认识了社会上的一位男性。这位男性人到中年，事业有成，是一家上市公司的老总。虽然他已经有老婆孩子，而且有不止一个情人，但他依然被青春靓丽的朱莉吸引住了。为此，他送了一辆跑车给朱莉，并且邀请朱莉住进他位于郊区的别墅中。就这样，朱莉成为那位男士的“金丝雀”，完全荒废了学业。十几年后，朱莉人老珠黄，她昔日的同学早已经在音乐上有了造诣，她却被这个富翁抛弃了，成为整日哀怨、以泪洗面的弃妇。

毫无疑问，朱莉选错了人生的道路，在欲望的驱使下距离人生本来应遵循的轨迹越来越远。殊不知，物质的欲望就像无底深渊，任何时候，假如一个人不能合理控制自身的欲望，就会被欲望蒙蔽眼睛和心灵，甚至完全迷失人生的方向，越来越沉沦下去。

现代社会，奢侈品市场异常火爆，就是因为这个时代有很多在欲望中迷失的人。还记得《渔夫和金鱼》的故事吗？如果不是因为老太婆那么贪婪，总是不断地提出更加过分的要求，也许贫穷的渔夫和老太婆早就过上了幸福的生活。欲望就像一个肥皂泡，如果不断地吹啊吹，这个肥皂泡一定会彻底破掉。要想让欲望对生活起到积极的作用，我们就不能过分地吹这个肥皂泡，而要让其保持在最美丽的、大小适度的状态。在物欲横流的今天，你到底是欲望的奴隶还是欲望的主人呢？你可曾为了满足自己的欲望而不择手段、迷失方向呢？如果没有，那么恭喜你，你还是欲望的主人。如果有任何一点点不好的苗头，就请赶快摒弃欲望，在人生中保持清醒和理智，从而成为欲望的主人吧！

心安才能人安，人生也才有处安放

当我们的心中充满非分之想时，我们的人生必然无处安放。所谓非分之想，顾名思义就是想那些不该想的事情，不可能实现的事情，也包括那些超出我们的能力范围、与我们的身份地位完全不相符的事情。这些事情虽然可以想，但是却没有实现的可能，因而总是给我们的生活带来无限的烦恼，让我们心浮气躁，无处安放自己的内心。例如，有些人明明能力达不到，却偏偏梦想着自己有朝一日飞黄腾达，发大财、当大官，这样不切实际的想法只会使他们陷入白日梦中，甚至不再努力面对现实的生活。还有些人，好好的工作不干，不是做生意的料，却偏偏要与人合伙做生意，这也是非分之想。现代社会最普遍的非分之想，就是很多男人或者女人，对于自己的另一半不满意，因为这山看着那山高，不掂量掂量自己的分量，却总是不切实际地想要拥有更多。不得不说，这些非分之想完全打乱了人们的生活，使人们认不清自己。

现代社会虽然发展迅猛，整个世界都日新月异，但是超快的生活节奏和巨大的工作压力，使得人们越来越浮躁，动辄就会吵闹得不可开交，社会上的很多恶性事件往往并非起源于深仇大恨，而只是一言不合。特别是在现代职场，很多人整日上蹿下跳，不想着做好分内之事，却总是背地里使坏，想要通过贬低他人抬高自己，更想不劳而获，赢得人生的更多可能性。这样一来，职场被他们搅得乌烟瘴气，原本那些全力以赴、踏踏实实工作的人，也变得心浮气躁，整个工作的环境会更糟糕。实际上，不管是在现实生活还是工作中，我们每个人都应该实现自己的价值，贡献出自己的力量。整个社会就是一个大家庭，每个人都是这个家庭的一份子，只有作为个体的因素更加稳定，社会才能戒骄戒躁，进入良性发展之中。在生活中，我们一定要脚踏实地。毕竟，我们最终只能用实力为自己代言，而不要只靠着三寸不烂之舌就想搞定人生。

大学毕业后，马玉就进入这家律师事务所工作，从最基础的工作做起。刚开始时，他收入很低，也不稳定，幸好他的妻子苏雨是个精打细算会过日子的人。虽然也毕业于法律系，但是苏雨却没有进入律师行业。她说："律师是需要有经验才能出名的，要慢慢熬。咱们家里你一个人当律师就好，前期我先去做销售，这样也能贴补家用。"就这样，苏雨去了房地产公司，负责销售一手房。因为蕙质兰心，也能够为客户着想，苏雨的销售业绩非常好，始终在公司里名列前茅。在马玉还是小小的律师助理时，苏雨就已经月薪过万了。

很快，苏雨和马玉一起攒了一笔钱，付了首付，在大城市里有了自己的家。几年之后，随着马玉的收入越来越稳定，苏雨也正好怀孕，就辞职回到家里当起了全职太太。从职业女性到全职太太，苏雨适应得很好，但是马玉却随着名气渐长，身边簇拥了很多年轻漂亮的女孩。渐渐地，他忘记了苏雨当初是如何努力工作，作为他的坚强后盾的，而与新来的助理林林眉来眼去。的确，在林林眼中，像马玉这样的成功男士就像神一样的存在，她看马玉的眼神都充满了敬意和崇拜。而回到家里再看忙碌的苏雨，马玉总觉得看不顺眼。最终，在林林的强烈攻势下，马玉缴械投降，成了林林的俘虏。真正得到马玉之后，林林曾经信誓旦旦地说不会影响马玉的家庭，如今都不作数了。她整日盯着马玉离婚，律师事务所里也因为她故意表现出与马玉的暧昧，所以充满了流言蜚语。最终，苏雨知道了这件事，有洁癖的她选择了离婚，独自一个人带着孩子生活。作为过错方的马玉净身出户，被林林抛弃，一夜之间变得一无所有。

原本，马玉对于生活应该感到非常满足，毕竟这个家庭是苏雨给他的，苏雨一直以来为家庭付出了很多。遗憾的是，很多人对于自己所拥有的都不懂得珍惜，因而总是奢望得到更多。总有些男人希望过上“家里红旗不倒，外面彩旗飘飘”的生活，最终让自己陷入被动，再也没有机会挽回一切。其实，对男人而言，出轨就意味着受夹板气的开始，也意味着人生从此进入进退两难的境地，最终很有可能三败俱伤。所以聪明的男人从来不会轻易惹祸上身，他们很清楚欲望是魔鬼，会把他们拖入无底深渊。

既然意识到欲望的邪恶，我们就要在被欲望征服之前，努力主宰欲望。任何时候，都不要让心变得贪婪，只有握在手里的幸福，才是真正属于我们的幸福。尽管你的生活并不富裕，也不高贵，但是正如古人所说，知足常乐。只要你把欲望控制在合理的范围内，那么你就能够成为欲望的主宰，驾驭欲望，成就人生，让每一个心安的日子都成为生命中最美好的历程。

摆脱身外之物的束缚，看淡功名利禄

只要人活着，就有欲望，诸如想要吃得更好，穿得更好，也想要得到他人的认可，获得至高的社会地位，受到他人的尊重……这些内心深处的渴望，最初的本源都来自于欲望。在合理范围内，这些欲望能够激励我们不断努力，成就人生，而一旦被欲望束缚，人生就再也无法展翅翱翔，甚至还会陷入欲望的深渊无法自拔，结果让人感慨和遗憾。

随着社会的发展，物质极大丰富，生活水平也得到提高，所以人的欲望也越来越多，愈发强烈。举例而言，现在有很多人都不再满足于住小房子，而是迫不及待地想要住进大房子里，再买好车；有些人在生活上升了一个层次后，非但不感到满足，反而陷入更大的欲望中。诸如男人想找更加年轻漂亮的妻子，女人也愿意感受一下“小鲜肉”，因此如今的很多夫妻都貌合神离，过着同床异梦的生活。再如对金钱，很多人都不知道满足，总是无休止地追求更多的金钱，尤其是对于权力，人们更是贪婪，恨不得能够一步登天，喝令天下才好。然而，人生并非简单地以金钱、名利和权势作为标准就能衡量的，最重要的在于内心的感受，在于人生是否充实地度过。

现实生活中，很多人为了功名利禄忙忙碌碌，殊不知，不管是金钱也好，权势也罢，任何人在离开这个世界的时候，都必然和出生一样赤条条的，任何东西都带不走。很多人迫于生活的压力，一味地追求高薪、高职位，为此甚至忽略了家人，错过了孩子的成长。正如一首歌里唱的，时间都去哪儿了，不但父母在养育孩子的过程中渐渐老去，忙碌的父母也在忙忙碌碌中错过了孩子的成长，转眼之间孩子就大了，父母就老了。人生最大的遗憾，莫过于树欲静而风不止，子欲养而亲不待。不要再说等有钱了就陪伴孩子、赡养老人，因为不管是老人还是孩子，都经不起等待，都需要你此时此刻的陪伴。也许对孩子而言，住大房子并不重要，重要的是在父母的陪伴下拥有快乐的童年；对父母而言，孩子对他们物质上的回报并不重要，他们需要的只是孩子常回家看看。所以，唯有抛开生命中那些困扰我们的名利金钱，回归生命的本真，我们才能更好地面对人生、把握人生、享受人生。

亨特是国王的仆人，每天，不管国王去哪里，他都快乐地给国王赶车，陪伴在国王的身边。有一天，亨特和往常一样快乐地唱歌，看起来无忧无虑，国王忍不住问："亨特，你的人生难道没有任何烦恼吗？"亨特想了想，说："我的确没有什么烦恼啊，我每天跟着您游山玩水，去过很多地方，也有充足的食物，还有漂亮的衣服。我还有什么可以要求的呢？"听了亨特的回答，国王更困惑了，他哪怕拥有整个天下都不快乐，为何亨特只拥有这么少，却这么快乐呢？为此，国王找到智者求教，智者说："我也不知道亨特为什么快乐，但是我有办法让他变得不快乐。到时候，我们，包括亨特自己，也就知道他之前为什么那么快乐了。从今往后，您可以在适当的时候奖励给亨特一个金币，渐渐地，他就会越来越苦恼。"

国王尽管不知道智者的用意，却还是按照智者的安排去做了。每当亨特在一件事情上表现很好时，国王就奖励给亨特一个金币。刚开始时，亨特每得到一个金币都会高兴好几天，但是随着拥有的金币越来越多，他非但不快乐，反而变得愁眉苦脸起来。国王问："亨特，如今你有钱了，为什么不快乐呢？"亨特说："我是有钱了。但是我只有九十九个金币，您已经很长时间没给我金币了，所以我感到很着急。要是我有一百个金币，那该多么高兴啊！"国王恍然大悟。原来，亨特之前一直很快乐，是因为他对生活无欲无求。而那些金币恰恰使亨特对生活充满了欲望，这样亨特自然也就陷入烦恼之中无法自拔了。

每个人都有自己快乐的理由，只不过在全心全意享受快乐时，人们往往忘记了自己为何快乐。就像对于很多美好的东西，人们在拥有的时候并不知道珍惜，只有失去了，才会追悔莫及。生活中，常常有人拥有爱情，却渐渐因为生活的贫瘠对于爱情很不满意，殊不知，在得到更多的金钱和物质之后，他们更会感到空虚，而怀念已经渐行渐远的爱情。任何时候都要珍惜拥有的，也要降低自己的欲望，才能让快乐常伴身边。

人生之中，最大的收获并不在于拥有功名利禄，而在于内心的感受。一个聪明人，哪怕追求物质，也只是为了更好地生活，但是他们不会本末倒置，为物质和金钱所负累，最终反而失去一切。对待生活，我们要全心投入，摒弃私心杂念，才能更加深刻地了解生活的含义，也找到生活的真谛。

追求要适度，否则就会扰乱人生

人生是需要追求的，否则就会庸庸碌碌，哪怕穷尽一生也一事无成。没有追求的人生，如同船只在漫无边际的大海上航行，却始终没有方向，更无法到达目的地。一般情况下，我们要为自己确立远大的人生目标，还要把这些目标进行分解，从而变成短期内通过努力就可以实现的短期目标或者中期目标。这样一来，我们既能够牢记初心，不忘始终，也能够在短期努力之后得到满足，从而让追求更加执着，效率倍增。事实上，人生不如意十之八九，并非所有的追求都能实现。举例而言，哪怕是几个有着同样梦想的人，人生的发展也不会完全相同。有的人朝着梦想不断努力，因而能够最大限度完成梦想，让人生更接近成功，直至获得成功。有的人虽然很愿意设想人生，却不能竭尽全力实现梦想，总是在遭遇小小的挫折时就放弃，最终导致一事无成。

当然，凡事皆有度。所谓的追求，要求我们竭尽全力，但并不是让我们不撞南墙不回头。成功需要很多因素的支持，追求唯有适度，才能保持人生的积极态势，否则我们如果为了追求而放弃人生中其他的事情，那么就是本末倒置。这就像工作与生活的关系一样，工作是生活重要的组成部分，也是生活中不可或缺的支撑，但是工作的目的是为了更好地生活，而不是彻底遗忘生活、放弃生活。所以对任何人来说，如果为了工作而放弃生活，为了工作而使生活被忽略和遗忘，那么就是颠倒了生活和工作的关系，完全迷失了生活的意义。过度的追求非但无法对人生起到积极的影响和作用，还会让人心在追求之中变得贪婪，导致事与愿违。诸如现代社会，很多人都陷入攀比，看到别人买大房子，自己也就不顾现实情况，盲目追求大房子，最终使得家里生活质量大大降低，家人怨声载道。看到同事开车上下班，哪怕家里距离单位走路只需要十分钟就能到达，也马上贷款买车，每天开车在单位附近转悠半个小时才能找到停车位；看到闺蜜参加聚会的时候脖子上戴了一条明晃晃的钻石项链，回到家里就开始批评老公没本事，然后逼着老公借钱给自己买钻石项链……攀比是永无止境的，因为我们永远无法预料别人的生活会发生怎样翻天覆地的变化，如果我们总是不自量力地想要学着每一个人的样子获得成功，那么我们就算是累死，也无法达到。

现实生活中，很多人怨声载道，似乎他们的生活中都是不如意。实际上，他们的生活真的有那么不堪吗？只是因为他们陷入欲望的深渊里，总是不断地和他人相比，又完全不顾及自己的实力，才会导致自己变得这么被动。在人生的道路上，我们追求更高品质的生活完全无可厚非，但是一定要记住，追求不能无止境，对欲望的纵容更不能无限度。否则，即使我们拥有再多，也始终会感到不满足，甚至使自己陷入内心的黑洞里，从此之后与焦虑不安相伴，彻底失去幸福与快乐！

很久以前，有个年轻人每天都郁郁寡欢，总觉得自己处处不如别人，更不知道怎样才能获得幸福和快乐。为此，他特意来到深山里，拜访一位大名鼎鼎的智者，希望智者能够指点他的人生，让他从此快乐起来。

年轻人费了很多周折，终于见到了智者。当他喋喋不休讲述完自己的烦恼和苦闷后，智者没有说话，而是走到厨房里，拿了一个非常破的背篓，让年轻人背着背篓去山上捡石头。智者告诉年轻人："这座山上奇石很多，假如你看到漂亮的、独特的、美丽的石头，你就将它们捡来，放到背篓中背到山顶。"年轻人困惑地看着智者，虽然他不知道智者是何用意，但是想到智者是世外高人，做事情定然有自己的道理，因而他就顺从地背上背篓，开始爬山。一路上，他发现很多石头都特别独特，有的造型与众不同的，有的色彩鲜艳绚丽，因而他不停地捡起石头放到背篓中。虽然每一块石头都很小，也不重，但是随着积累的石头越来越多，年轻人觉得背篓变得特别沉重。原本一路上欣赏沿途美景的他，不由得唉声叹气，恨不得马上把背篓扔到地上。但是想起智者的话，他只能继续坚持着往山顶爬去。直到正午时分，他才爬上不太高的山顶，这个时候，智者已经站在山顶等他了。

智者问年轻人："小伙子，觉得怎么样？"年轻人想了想，说"原本是很轻松的，但是随着石头越捡越多，背篓就越来越重，最后简直累得我气喘吁吁。"智者又问："那么，你为什么要捡起那么多的石头呢？"年轻人说："我觉得那些石头还都挺好的，也各具特色，就情不自禁地捡多了。"智者意味深长地笑了，说："是啊，对于一块块石头，你尚且如此放不下，那么可想而知在人生之中，你必然也非常贪婪，总是不遗余力地追求你认为好的东西。"年轻人点点头，智者接着说："遗憾的是，一个人的时间和精力总是有限的，一个人的生命也是有限的。假如你总是贪婪地捡起这些石头，但是却不知道清空背篓，那么你必然越来越累，到最后甚至完全无法挪动脚步。其实，人生之中美好的事物的确很多，但是我们却要追求有度，不能贪婪。例如，人们常说捡了芝麻丢了西瓜，实际上就是猴子在进行取舍。但是人呢，人虽然理智，却做出了捡到西瓜也不丢芝麻的选择，最终只能导致疲惫不堪。"年轻人若有所悟，问智者："那么，我到底怎么做，才能让生活变得轻松起来呢？”智者说：“现在你下山，每走一个台阶，就丢掉一块你最不中意的石头。”年轻人领命而行，在到达山脚下的时候，果然背篓里还剩下几块最好的石头，而他也越走越轻松，心情也渐渐美好起来。此时，智者最后点拨年轻人：“哪怕是美好的东西，也会成为生命中不能承受之重。如果你学会做人生的减法，那么你就能够轻松愉快，再也不会累得精疲力竭。”

现实生活中，很多人都和年轻人一样，只会做人生的加法，而不会做人生的减法。有追求的人生固然会得到好的结果，但是过度追求也使我们变得固执，满心疲惫。不管追求什么，我们都要理性，不要因为那些事物是美好的，就会不假思索想要得到。此外，我们还要考虑自身的情况，毕竟每个人对于人生的承受能力是不同的。当我们的脚步越来越沉重，人生的进度也渐渐放缓，我们不如就学会清理人生，甚至让人生归零。这样，我们才能再次恢复承受的能力，也变得机智灵活，从容应对人生。

对每个人而言，人生都是有舍也有得的。大多数人一味地只想得到，却不知道舍弃也是得到的一种方式。要想拥有轻松愉快的人生，再也不要一味地追求和霸占，而要学会丢弃，这样才能在有限的生命中获得更多，也才能四两拨千斤，让人生变得淡然。记住，过多的追求是人生的负累，会使人不堪重负。当一个人的眼睛只盯着眼前的利益时，必然会变得鼠目寸光。我们唯有开阔自己的眼界，让自己站在人生的高处，才能拥有广阔的视野，才能让生命自由地绽放。

简单生活，只需要一床之地

每个人对于生活，都有自己的理想和设想，尤其是未经世事的年轻人，更容易把生活想得过于美好，让一切都变得跟花儿一样。殊不知，无数年轻人怀揣着梦想和激情来到大城市，似乎只有熙熙攘攘的大城市才能寄托他们对于人生的一切渴望，最终是趁兴而来，失望而归，因为他们发现大城市的生活似乎像拧紧了的发条，一刻也不停歇，而他们的人生也渐渐在了无头绪的忙碌中被榨干，甚至完全迷失。每一个在大城市里艰难求得生存的人，都对大城市的生活心有余悸，也许会连续很多天没有看到过太阳，因为每天都是日出而作、日落而息，也许很多天都不曾认真地吃过一顿饭，因为很多顿饭都是在来回奔波的路上边走边吃解决掉的，也许从来没有一间属于自己的小屋，高昂的房价让买房成为奢望，而租房也只能租最便宜的地下室……那么，我们在大城市如此奔波忙碌，到底为了什么？如果在生命的行程中，我们距离梦想越来越远，那么我们为何不回到人生开始的地方，享受那种恬然安逸的生活，也用心聆听命运的律动呢？

每个人都有自己的追求，也有自己对于生活的要求，有人喜欢安逸，那么就留在家乡，在父母的帮衬下度过一生。有人喜欢折腾，就要背起行囊离开家，走得越远似乎距离自己的灵魂越近。我们不能对他人的人生评头论足，唯一需要做的就是对自己的人生负责任，问清楚自己的心，人生之路到底应该去往何方。

实际上，不管我们努力获得多少资源，人生的需求原本是非常简单的。诸如比尔·盖茨和巴菲特都是世界级的大富豪，但是他们也是一日三餐，安睡的时候只需要一张床。对任何人而言，当财富多到足以维持生活所需，接下来要做的就是千金散尽。因此，很多大富豪都热衷于公益事业，愿意帮助世界各地那些贫穷的人、需要帮助的人。虽然我们不像大富豪那么有钱，但是只要愿意，也依然可以让人生的格局更大一些。有一天，倪萍主持的《等着你》中，有个中年女性寻找曾经救助自己的恩人。原来，她15岁的时候就失去了父亲，她作为家里的老大，要和妈妈一起养育三个弟弟妹妹，而她自己也想完成学业。可想而知，这个家庭面临着怎样的窘境，后来女孩就给一个同行的陌生中年男人写信，诉说了家里的情况。这个伯伯后来资助了他们很多，在一九九几年的时候，每年给女孩3000元钱。这3000元钱在当时不是小数目，供养了女孩姐弟四人读书。直到20年后，女孩才找到这位伯伯，当面向他诉说了感激之情。其实，这位伯伯只是想要帮助这家人，根本没想到有朝一日还会得到任何回报或者是当面的感谢。这就是普通人的人生格局，可以很大，也可以惠及他人。对于生活，不要一味地索取，要学会付出。哪怕我们能力有限，也可以竭尽所能地帮助他人，让爱洒满人间。

从前，有个富翁腰缠万贯，却始终觉得生活了无希望，对任何事情都提不起兴致来，因而终日闷闷不乐。有一天，富翁决定出远门，走遍世界的每一个角落，寻找快乐。他走啊走啊，走过了春暖花开的地方，走过了海边，来到了一望无际的沙漠。很快，他随身带着的淡水和干粮就吃完了，他却在沙漠中迷失了方向，不知道如何才能从沙漠里走出去。

富翁忍受着干渴的折磨，又走了一天，最终因为精疲力竭，他只好勉强找到一片荫凉的地方，颓然坐在地上，奄奄一息地喘息着。当富翁以为自己就要死在这里时，突然有一个驼队经过。富翁马上求救，驼队的人问富翁："你需要帮助吗？"富翁点点头，说："我要喝水，还要吃东西。"驼队的人拿出淡水，让富翁喝了个痛快，又给了富翁一块又干又硬的玉米饼子。富翁一边吃一边感动得热泪盈眶："这可真是美味啊，是我吃过的最好吃的食物。"驼队的人笑着打量富翁："看样子，你以前一定过着衣食无忧的生活，这玉米饼子可是粗粮。"富翁连连点头，说："我终于找到了快乐，原来在饥饿的时候有饭吃，在口渴的时候有水喝，就是快乐。"随后，富翁拿出随身携带的金币酬谢驼队的人，最终跟着驼队走出无边无际的沙漠。从此，他每天都觉得很快乐。

有钱人当然可以天天吃山珍海味，但是未必感到快乐。穷人虽然每天只能勉强填饱肚子，不知道什么时候才能吃上一些美味的食物，但是他们快乐的感觉从来不打折扣。对每个人而言，快乐不是按照别人的标准生活，也不是拥有得越多越好，而是能够满足自己的心愿，过上自己想要的生活。人的需求是很简单的，所以我们要做的不是把生活变得复杂，而是要学会做生活的减法，让自己的生活尽量简单，也变得更加容易满足。只有从物质的束缚中解脱出来，摆脱物质的累赘，才能解放自己的心灵，获得从容洒脱的人生。

古人云，知足常乐，这句话非常有道理。生活中那些不快乐的人，不是因为得到得太少，而是因为想要得太多。假如每个人都能降低对生活的欲望，不再苛责生活，那么生活就会变得简单而又美好，每一个用心生活的人也能够抓住快乐，远离焦虑和不满，让自己真正获得幸福。

第12章

心境坦然不计较：目光长远消除内心惴惴不安

人在职场，很多人都为了升职加薪而惴惴不安，总是不遗余力地想把工作做到最好，也总是想要讨好同事以及上司，从而得到更高的评价，在团队中脱颖而出。正如有位名人说的，不想当将军的士兵不是好士兵，我们也要说，不想升职加薪的下属不是好下属。然而，机会毕竟是有限的，再加上职场里人才济济，每个人未必每次都能如愿以偿获得升职加薪，这就要求我们要有一颗平常心，才能从容应对职场上的各种得意和失意，也才能让一切如我们所愿。

成为团队的中流砥柱

很多职场人士都缺乏安全感，因为他们不知道自己要如何做，才能做到最好。每天在职场上奔波忙碌，他们尽管已经竭尽全力，却依然担心自己的业绩不够好，自己的人脉不够丰富，或者担心自己笨嘴拙舌，根本无法得到领导的赏识，也有的人会担心自己无法融入团队之中，被他人排挤。实际上，这些让人担心的情况在职场上并不罕见，因而我们不能说这些人是杞人忧天，只能说他们的担心毫无意义。

假如他们是未雨绸缪，那么完全没有必要担忧，至少当下的情况还不错，他们也还有时间提升和完善自己，让自己得到长足的发展，预先做好准备应付职场上的各种情况。假如他们所担心的问题已经发生，那么担心更是毫无意义，因为与其浪费宝贵的时间担心，不如想出具体的办法解决问题，这才是更加立竿见影的。有一点是肯定的，那就是现代职场不推崇个人英雄主义，一个人哪怕能力再强，也不可能完全凭借自己的力量获得成功。每个人更像是团队里的一颗螺丝钉，必须钉在恰到好处的地方，才能发挥自己的光和热，为团队贡献自己的力量。所以现代职场最讲究合作，一根筷子被折断，十根筷子抱成团，更何况有的时候一加一远远大于二！所以不要再担忧，不管你是职场上的新人还是老人，都要有自己的团队，完全融入团队中，才能最大限度发挥自身的能力，赢得好的发展，也博得更大的平台。

团队协作，对于每一项工作都是至关重要的。反之，假如我们总是与团队格格不入，那么必然感到心慌气短，不知道如何面对这一切。正如心理学家所说，现代职场上情商的作用比智商更加重要。假如一个人没有很高的情商，无法顺利融入集体之中，那么哪怕他能力再强，也不可能成功赢得未来。人际关系被作为现代社会最重要的资源之一，是完全有理由的。我们不但要在生活中与形形色色的人打交道，在工作中更要与同事、上下级搞好关系。唯有处于良好的合作氛围中，才能成就大事。

早在读大学时，邓丽就非常孤僻。她家是农村的，家境贫苦，因为置身于穿着光鲜亮丽的女同学之间，她总是自惭形秽，渐渐地也就养成了不管什么事情都远离同学、独来独往的习惯。有的时候，看到其他同学生活得那么好，衣食无忧，她也会感到愤愤不平：哼，有什么了不起的，不就是脱胎在有钱人家么！就这样，她从心理上与同学们越来越疏离，她的性格也有些扭曲了。

大学毕业后，很多同学都在父母的帮助下找好了工作，只有邓丽和少数几个同学还在为了工作四处奔波。她接连找了好几个月的工作，都被面试官评价为“性格孤僻，交流过于生硬，缺乏自信”，最终她不得不去了门槛最低的二手房行业，成为一名房地产经纪人。邓丽明知道当二手房经纪人要与人打交道，但是她病急乱投医，真的再耽误下去就要睡在马路上了。为此，她只能硬着头皮开始工作。在经历过几天的短暂培训后，她被分配到门店，开始正式接触业务。然而，两个多月过去了，她非但在业务上毫无进展，而且与同事之间也很生分。为此，主管特意找到邓丽谈话：“邓丽，入职之初的那几天培训，只能让你对于业务知识有简单的了解，真正的学习是下到门店以后，你要主动和老业务员学习，看看他们是如何与客户相处的，听听他们是如何与客户交流的，你这样总是排斥他人，怎么能够尽快适应工作呢？如果下个月你还是这样，过了试用期也没有任何进步，那么销售行业是不养闲人的，公司的淘汰制度也是绝不留情的。”

在主管的一番教育下，邓丽意识到自己不能像在学校里那样离着大家远远的，也不能依然独来独往，此外，她也很眼馋那些业绩好的老同事每个月都拿高于底薪好几倍的薪水，为此她只好逼着自己改变。虽然她心里很发虚，但是她知道唯有勇敢地迈出这一步，才能打开工作的局面。当心理上想要改变之后，邓丽渐渐改变了自己，真正融入团队之中，成为了一名合格的二手房经纪人。

很多人之所以在职场上惴惴不安，就是因为觉得自己身边没有朋友，心中没有底气。尤其对职场新人而言，原本就缺乏工作经验，如果还被老同事排斥，那么日子当然会变得很难熬。所以职场新人不要等着老同事来与自己搭讪，可以借着求助于老同事的机会，多与老同事接触，自然能够赢得老同事的友好善待。

其实，融入团队也是有秘诀的。初入团队要细心观察，然后从看起来比较友善或者与自己兴趣相投的同事身上着手，从他们感兴趣的话题或者是关注的方面入手，与他们友好相处。此外，也可以从团队中那些占据主要位置的人身上打开局面，从而得到引荐进入团队。只要我们能从一两个人身上打开局面，得到他们的热情对待，融入团队就会水到渠成，并没有我们想象中那么难。

开阔眼界，你的人生也将进入新天地

很多人都曾读过坐井观天的故事，那个住在井底的小青蛙，永远只能看到井口的一片天，但是不愿意离开水井，到外面的世界看一看。的确，眼界决定了人生的高度，和生活在陆地上的青蛙相比，这只井底之蛙显然是鼠目寸光了。但是它并不觉得痛苦，因为它一直生活在井底，所以从来不觉得生命过于局限，也不觉得自己应该突破这一切，进入广阔的天地。这是眼界决定的，眼界狭窄的人，即便别人觉得他们的人生太局促，他们也不会觉得难过，因为他们觉得人生理应如此。所以要想让一个人改变，最重要的不是告诉他应该怎么做，而是应该带着他切身感受外面的精彩世界，这样他才会对自己的人生感到不满，也才愿意主动打破旧有的人生，从而进入人生新天地。

此外，眼界狭窄的人，还会因为见得少，知道得少，因而对未知的世界充满恐惧，最终导致自己像套中人一样，无法挣脱外界的束缚，更无法打开人生的局面。举个最简单的例子，虽然我们不能因为自己出身贫苦而自轻自贱，但是毋庸置疑的一点是，那些一出生就是富二代、官二代的孩子们，他们从小就生活在社会上层，见多识广，而且接触的也都是些有权有势的人。还记得《欢乐颂2》中，曲筱绡成立公司吗？对贫穷人家的孩子而言，成立公司既缺少资金，又缺少人脉关系，总而言之，发展会很艰难。但是对于曲筱绡而言，由于有爸爸铺好的道路，所以成立公司轻而易举，而且在面对那些所谓的客户时，她也完全在心理上占据上风。人脉就是丰富的资源，也是成功的必备要素。出生在有权有势人家的孩子，成就事业当然比穷人家的孩子方便得多，而且他们因为站得高、看得远，眼界开阔，思维也不受局限。正所谓不经历无以成经验，任何时候，我们唯有亲身经历，才会对于人生有更深刻的体会和感悟。

大学毕业后进入职场，农民家庭出身的刘军总是对一切都斤斤计较。和大多数男人都粗枝大叶相比，他也许因为从小过苦日子过惯了，所以对于一切都算得很仔细。例如，有的时候中午和同事们一起吃饭，原本几个相熟的同事不好意思AA制，大家就自觉地轮流掏钱，一般五六个人一周轮下来，每个人的花销基本差不多。但是自从刘军加入，吃饭就显得没那么和谐了。诸如周一刘军掏钱，5个人花了120元。但是等到周二马波掏钱时，如果大家恰巧都想吃面条，那么马波只需要花七八十块钱就够了。其他同事对此都不放在心上，因为长年累月在一起吃饭，折算下来是差不多的。但是刘军却会酸溜溜地说："哎呀，还是吃面条省钱，下次等我掏钱的时候，大家也要吃面条啊！"起初，大家觉得他在开玩笑，后来发现他是真的在乎，再吃饭的时候就不愿意和他一起吃了，毕竟谁也不是想占别人几十块钱便宜的人，刘军这么一说，每个人都觉得没意思。

在工作上，刘军也很计较。例如，前段时间他所在的小组承接了一个项目。整个小组八个人中，马姐年纪最大，而且家里有两个孩子，所以偶尔需要加班的时候，组长就会让马姐到八九点钟就回家，而其他人则加班到十点多。其他同事都觉得无可厚非，毕竟马姐家里有孩子，但是刘军却不止一次地嘀嘀咕咕："大家都拿一样的工资，为何有人就可以先走啊！难道不知道一个人的工作分摊给别人，别人就要晚走呢！"有一次，组长实在忍不住了，说："刘军，你要是心里不平衡，也把自己变成女的，再整俩孩子出来，这样你也可以先走，大家绝对没有意见？真不知道你怎么就这么计较呢，你一个光棍汉，回家也是待着，怎么就不能帮马姐分担一些呢！我看马姐有时候给大家带好吃的，你吃得比谁都多！"组长话音刚落，其他同事都用鄙夷的眼光看着刘军。刘军觉得很难堪，但是心中却愤愤不平，因为他始终觉得自己说得是对的。

对于一个大男人而言，刘军的确有些过分了。他的小肚鸡肠不但使他和同事们之间的关系处得不好，也使得领导渐渐知道他的为人，不愿意重用他。其实，人的力气是用不完的，也许今天很累，但是好好休息一夜，很快就能缓过来。刘军如此斤斤计较，眼界这么狭窄，总是盯着蝇头小利，在职场上根本吃不开。与其这样自己给自己找不痛快，不如把心眼放宽一些，把眼界放高一些，这样哪怕吃点儿小亏，只要不嘀嘀咕咕挂在嘴边，至少还能赚个好人缘呢！

人活着，只有那么长时间，不管是快乐还是悲伤，都要一天一天地过。

既然忧愁也是一天，洒脱也是一天，我们就要端正态度，摆正心态，开阔眼界，这样才能彻底放下心中的烦恼，尽情地投入生活之中，享受生活。人们常说，心态决定命运，这句话其实非常有道理。有的时候，哪怕是在相同的环境中工作，人们也会有截然不同的表现和收获，这都是心态的差距导致的。生活对待大多数人都是平等的，唯有不抱怨，才能看到生活更多的美好，而不是一味地被生活的痛苦纠缠住。古人云，读万卷书，行万里路，就是告诉我们要开阔眼界，唯有心胸变得宽广辽阔，那些曾经困扰我们的问题才会变得不值一提。

哪怕失败，也比逃避要好

人人都知道，生活从来不会是一帆风顺的。面对生活的坎坷与挫折，软弱的人选择逃避，恨不得找个地洞把自己藏起来，需要承担责任的时候他们也会不停地推脱。这样的人也许一次两次能够明哲保身，但是日久天长，难免被人知道他的胆小怯懦和没有担当，自然也就不会有朋友，更无法得到领导的赏识，在工作中担当重任。和软弱的人相比，真正强大的人总是能够勇敢地迎难而上，哪怕需要付出巨大的代价，他们也绝不畏缩。尤其是对于生命中需要做出抉择的时刻，他们往往一鼓作气，勇往直前，真正表现出男子汉的气度。不得不说，这样的人才是真正的强者，才能够肩负起生命的责任，让自己的人生取得更好的发展，才能如愿以偿赢得他人的赞许和认可，让自己变得顶天立地。

在职场上，有些人对待工作总是挑肥拣瘦，只愿意做自己擅长的或者足以应付的工作，而对于稍微有点儿挑战性的工作，就叫苦不迭，推得远远的，还美其名曰“有些工作做好了没有功劳，做错了却会被批评，还不如不做”。这样的想法和选择乍听起来很有道理，实际上却会在无形中错失很多千载难逢的好机会。试想，假如在领导给你安排工作的时候你不愿意做，那么等到你看到好机会主动请缨的时候，领导又怎么能放心把工作交给你呢？因为还未犯错就推脱工作，这无异于因噎废食。有的时候，领导评价下属的标准不是这个下属犯了多少错，而是这个下属担当过几次大任，能不能从错误中吸取教训获得成长。唯有积极主动面对工作，在错误中不断提升和完善自己的下属，才是领导能够委以重任的，才是可造之材，才是值得托付的。

在人才市场上，有很多公司的领导都不愿意招聘那些有经验的人，而愿意招聘应届毕业生进入公司。难道他们不知道有经验的人能够为公司节省很多的培训费用及学费吗？他们当然知道。但是他们更深深地懂得，那些有经验的人对于公司而言顶多算是半成品，公司唯有把应届毕业生培养出来，才是公司真正需要的人才。所以他们宁愿付出代价，给予新人机会使其不断成长，也不愿意直接施行拿来主义，用那些一瓶子不满半瓶子晃荡的所谓有经验的员工，更不会去其他公司挖墙角。

人的本能就是趋利避害，很多人宁愿听到虚荣的赞美之词，也不愿意被否定和批评。殊不知，良药苦口利于病，忠言逆耳利于行，如果人生之中始终充斥着赞美之词，那么还谈何进步呢？人在职场，尤其是作为新人进入职场，犯错是必然经历的阶段。千万不要在被否定或者批评之后，马上就变得沮丧万分，而要意识到每个人都在错误中成长，唯有端正态度对待错误，才有机会改正错误，不断进步。也不要因噎废食，因为害怕犯错就放弃自己的尝试和努力，否则人生永远也没有成长和成熟的机会，我们也会变成胆小怯懦的套中人，不敢直面人生。

大学毕业后，作为汉语言文学的高材生，萌萌深得领导赏识，也因为她文采斐然，笔杆子很硬，因而领导更是特意提拔她为助理，让她帮忙处理很多繁琐的事情。然而，萌萌虽然很有才华，却有一个致命的弱点，那就是她不管做什么事情都瞻前顾后，哪怕领导已经放权给她，她也总是不停地请示，搞得领导不胜其烦。

有一次，领导让萌萌负责接待客户，与客户洽谈合作的相关事宜，而领导则去参加一个更重要的会议。原本临行前，领导已经把合作的底线告诉萌萌，并且让萌萌在底线之上见机行事，无须请示，但是萌萌在与客户的谈判进行到一半时，还是左一个电话右一个电话地请示，导致领导最终不得不关掉手机，萌萌的谈判因为无法请示，也在合作条件基本已经敲定的情况下戛然而止。客户如丈二和尚摸不着头脑，又因为白白和萌萌谈了一下午却毫无成果感到生气，因此当即选择和备选的一家公司合作。领导回来之后，听说万事俱备，只欠一个请示的电话，萌萌就把一个重要的合作搞砸了，因而非常生气，当即把萌萌降职为普通的秘书，又为自己另外物色了一个有担当的助理。萌萌就这样失去了很好的工作机会，懊悔不已，却也追悔莫及。

在职场上，每个职位上的人都有自己的本职工作，而萌萌作为领导的助理，在领导不在的情况下，是完全可以代表领导的。更何况领导还给予萌萌很大的权限，而萌萌却完全不知道如何行使自己的权利，只是为了避免犯错，就不停地向领导请示。毫无疑问，每个领导为自己配备助理，是为了使自己的工作更轻松，得到有效分担，而不是给自己添堵的。所以萌萌的行为换作其他领导也无法忍受，这也就注定了文采斐然的她只能当个小小的文秘，而无法担当助理的重任。

人尤其是新人在职场，一定不要害怕犯错。错误是人成长的阶梯，没有人生是绝对无错的。现代社会发展迅猛，各行各业都面临着新的变化，作为社会的成员之一，也作为上司的得力干将，必须与时俱进，才能跟得上时代的脚步。如果我们总是瞻前顾后，犹豫不决，那么领导迟早会失去耐心，最终淘汰我们。常言道，人生如同逆水行舟，不进则退，其实职场也是如此。当大家都争先恐后地寻求进步时，如果你始终原地踏步，看起来你还在那里，实际上你已经远远地落后了。相信没有人想当落后者，那么就从现在这一刻开始努力争取得到更好的机会吧，这样我们的人生才能从容果断，始终保持进步的态势。

薪水只是工作的目的之一

每个人要想活着，就要满足自身的基本生存需求，这就决定了人工作的目的之一，就是获取酬劳，养活自己，也养活家人。的确，每天一睁开眼睛，每个人就需要吃喝拉撒、衣食住行，也需要柴米油盐酱醋茶。如果没有一定的经济条件作为支撑，也许农村有地可种的人还能勉强度日，那么大城市里只能靠着钱生活的人，就会变得寸步难行了。例如，一个年轻人在找工作的过程中，坐车需要钱，走到哪里渴了喝水需要钱，饿了吃饭也需要钱。这还仅就单身汉而言，如果针对已经成家立业的人，不但要满足自身的基本需求，更要负责养育孩子、赡养老人，压力就更大了。

因而现代人工作，必然要把薪水谈好。当然，现代职场上用人单位和求职者之间是双向选择的关系，所以薪水也是可以商榷的。即便如此，薪水也并非选择工作时唯一的目的和标准。除了薪水外，尤其是年轻人，在选择一家企业时，还要满足自身的认同感，更要让自己得到更多的机会学习，提升和完善自己。最后，企业的发展前景对于目光长远的求职者而言也很重要，毕竟没有人愿意隔三差五地就跳槽，更不愿意自己辛苦积累的工作经验和职场资历全都清零。在工作中，我们固然需要金钱，但是却不能完全为了金钱。工作的长远发展、自身的价值实现，以及人生的前景展望，这都是值得我们考虑的。

大学毕业后，张琦和李强一起去找工作。他们是大学同班同学，还是睡上下铺的兄弟，因而关系很好。幸运的是，他们同时在一家小公司找到了工作，而且薪水待遇在同行业还算上等，大概是因为小公司要想寻求发展，只能靠高薪吸引人才吧。眼看着即将去小公司报到了，这时候张琦通过一个朋友的介绍，又去了一家大公司面试。这家大公司是世界五百强企业，眼下正在大规模招聘，因而张琦顺利通过了面试。使他有些犹豫的是，这家大公司虽然规模大、实力强，但是人才济济，因而给新人的薪资水平并不高，只处于行业中等水平。假如张琦来这家大公司工作，薪水会比之前那家小公司少1000元左右。要知道，这对于刚刚毕业的张琦而言，还是影响很大的。举例来说，假如多1000元，张琦就能和李强一起合租一套两居室，但是假如少1000元，他只能住在冬天没有暖气、夏天没有空调且上厕所都要走很远的小平房里。思来想去，张琦意识到不能只盯着薪水看，而要考虑公司的长远发展和晋升空间，最终还是决定去大公司。为此，他劝说李强也和自己一起去大公司，但是李强却鼠目寸光，只惦记着小公司能多拿1000元工资，就义无反顾地去了小公司。

昔日的好朋友就这样分开了。工作之后，因为忙碌，他们很少有时间相聚，偶尔聚在一起也是匆匆忙忙说几句，平日里到了节假日会发信息彼此问候。在大学十年的聚会上，张琦和李强才真正地再次重逢，也有时间闲话家常。此时，李强在小公司已经成为中层管理者，月薪过万，因而很是沾沾自喜。他问起张琦的情况，张琦淡淡地说："我这几年一直在学习，去了公司没多久，就被派到美国交流学习三年，去年才回来。带回来一个金发碧眼的老婆，也因为去国外镀金，现在是公司的项目主管，年薪大概百万。"张琦的淡定自如，让李强瞬间不淡定了："年薪百万？你小子发达了呀！还赚了个金发碧眼的老婆，这不简直是人生赢家么！你必须请客啊！"张琦笑着说："当然，当然，我上个月刚刚添了个大儿子，所以早就和这次聚会的负责同学说好了，所有费用我来承担，就当是请大家喝喜酒了。"李强脸上在笑，肠子却都悔青了：早知道今日，我当初也和张强一起去大公司了，现在肯定也混得不会太差。然而，世界上根本没有卖后悔药的。十年，弹指一挥间，谁都再也回不到从前，也再也没有人生中黄金的十年可以奋力拼搏了。

在薪水和职业发展前景面前，张琦显然有远见，因而宁愿住在条件艰苦的平房里，也要寻求更好的发展平台。和张琦相比，李强有些目光短浅，只想享受，所以无论如何也舍不得小公司的待遇。然而，时间是最好的证明，时间能够准确无误地告诉每个人当初的决定是对还是错。十年同学聚会，有些同学春风得意马蹄疾，有些同学却始终没有变化，还和刚刚毕业的时候差不多，混迹于各种普通的公司，从事各种普通的职位，虽然嘴上说着平淡是真，实际上却为自己的平庸悔青了肠子。

很多职场经验丰富的人都说，在小公司工作能锻炼综合能力，因为小公司总是缺人手，因而很多事情都需要一把抓。但是在大公司工作，却能锻炼能力，开阔眼界，因而使人生的格局更大。对于刚刚毕业的大学生而言，也许每个月的薪水多1000元还是少1000元是很重要的，但是并不会影响生活。如果能够趁着年轻努力拼搏一把，为自己在大公司奠定基础，收获良好的发展，正所谓磨刀不误砍柴工，好日子在后头呢！每个求职者在找工作的时候，每个企业在招聘的时候，都不可避免要面对薪资的问题。尤其是对于求职者而言，唯有端正态度，正确认知薪资水平的高低与职业发展前景之间的关系，才能做出理智的选择，对自己的人生和职业生涯负责。

良好的合作，才能获得长远利益

在很多行业里都存在竞争关系，因而同行是冤家这句话绝非说说那么简单，很多时候同行业内部的竞争，以及同公司内部同事之间的竞争，反而更加针锋相对，让人难以面对。如果是同行不同公司之间的竞争，还可以理解，毕竟每个人都要为自己所在的公司赚取利润，但是对于公司内部原本应该和谐融洽的同事之间，如果始终存在激烈的竞争，甚至还有些同事会采取不正当的竞争手段，导致同事之间关系恶化，那就很尴尬了。毕竟同事的关系很特殊，虽然心底里未必多么密切，也不是所谓的朋友、同学或者亲人，但是却每天都要出入同一间办公室，抬头不见低头见，这样一来如果关系恶化，再见面就会显得非常尴尬。那么，有什么办法可以避免同事之间的竞争呢？当然不可能。尤其是对于很多销售行业而言，竞争始终存在，永远不会消失。

从事过销售工作的朋友都知道，销售看的就是业绩。对于销售人员而言，底薪其实只是最基本的生活保障，要想获得高薪，就要保证销售业绩良好。因而在销售行业，业绩始终都是至关重要的一个考核指标。不管你是职场新人还是老人，都要有业绩，才能站稳脚跟，谋求发展。如果你是职场新人，但是对于销售工作无师自通，轻轻松松就能做出好业绩，那么你在公司里的地位也马上水涨船高，甚至连领导都对你刮目相看，礼让三分。反之，如果你是职场老人，但是始终业绩平平，那么不管你已经来到公司多少年了，你总会被新人超过和取代，丝毫无法以入职时间作为资历，与新人按资排辈。甚至有些领导还会对业绩平平的老人说，看吧，新人才来了几个月就比你们做得更好，难道你们不反思自己吗？如此一来，哪怕是脸皮再厚的老人，也无法在新人面前称大，反而要觉得心虚呢！

有人说销售行业是压力最大的工作，这话很有道理。因为销售行业每个月都要业绩清零，这也就意味着一个人哪怕上个月业绩再好，公司排名第一，从这个月的第一天开始又要开始奔波忙碌，为这个月的业绩而不懈努力。可想而知，销售人员承担着多么大的工作压力，不择手段想要获得业绩，也就成为理所当然的事情。与同事之间争得面红耳赤，寸步不让，更是销售行业的常态。殊不知，除了这样不友好的方式外，同事之间其实也可以取得良好的合作关系。毕竟工作是长远的，如果我们为了蝇头小利就得罪同事，那么要不了多久，就会把所有同事都得罪光。如果能够转换思路，与同事搞好关系，团结合作，那么就能实现互惠互利，合作共赢，自然不但与同事相处更好，业绩也会节节攀升。

所谓尺有所短，寸有所长，每个人哪怕能力再强，也不可能完全在职场上单打独斗。销售行业里，每个销售人员都有自己的特长，诸如有的人特别专业，有的人极富亲和力，有的人能够赢得客户的信任，有的人总是把话说到客户心里去……每个人都有自身的特点，既有长处也有短处，这种情况下如果能够实现最优组合，相信销售业绩会取得突破性的进展。诸如很多从事保险销售的代理人，会男女搭配，这样不管是遇到男性客户还是女性客户，都能很顺利地聊起来。还有些从事房产销售的人员，会把一个专业知识很强但是笨嘴拙舌的与一个说起话来滔滔不绝始终能与客户找到共同语言的人组合到一起，这样当客户需要聊天时，就由会聊天的业务员上，当客户需要解答专业问题时，就由专业业务员给出详细耐心的解答，给客户的服务体验当然极大提升。所以朋友们，不管你所从事的行业竞争多么激烈，都要善待自己的同事。正如曹植的诗句所说，“煮豆燃豆萁，豆在釜中泣；本是同根生，相煎何太急”。既然大家都是同行，还在一个公司，就应该相互理解和体谅，相互合作，而不要彼此对立，让工作的环境急剧恶化。任何情况下，业绩虽然重要，但是长远的友好合作更重要。这个世界上没有永远的敌人，只有永远的利益，既然敌人在利益面前都能化敌为友，站在同一战壕，我们与同事之间又有何不可能呢？需要注意的是，既然是寻求长远合作，就要制定公平、公正的规则，偶尔需要谦让的时候，我们也要表现出高姿态主动谦让。这样一来，我们才能得到他人同样的对待，合作才会更加愉快。从现在开始，让同事间的竞争变成友好的合作吧，要相信，只要坚持不懈地做下去，一定会从合作中受益匪浅！

第 13 章

阻隔焦虑侵袭：为自己建立强大的心理屏障

现实生活中，人们常常因为各种各样的原因导致情绪失控、焦虑不安。情绪就像是一匹马，时而平静温顺，时而脱缰变成了野马，让人无法面对。要想尽情享受美好的生活，我们就要调整身心、端正态度，从而让自己心平气和地拥抱人生。特别是现代社会，每个人都承受着巨大的压力，导致焦虑也如影随形，就更需要调整好情绪，控制身心，才能从容淡定地面对生活，远离焦虑的困扰和侵袭。

用从容战胜焦虑

现实生活中，很多人都容易被焦虑困扰，一则是因为人的心理很脆弱，二则是因为生活有很多不如意的事情，所以情绪波动便成为生活中的常见现象，困扰着很多人。曾经有篇文章，告诉人们要做淡定从容的人，的确，云淡风轻、春风拂面的人的确给人良好的感觉，在人际交往中也如鱼得水，遗憾的是大多数时候，人们都无法很好地控制自身的情绪。要想改变情绪，就要知道情绪焦虑的根源在哪里。不管是男人还是女人，都会遇到各种各样的情绪问题，所以唯有变得从容，才能真正得到平静而美好的人生。

从容，说起来是简简单单的两个字，做起来却很难。每个人都渴望得到成功，更是把成功作为毕生的追求，所以所谓从容，大概就是泰山崩于前而色不变，宠辱不惊，坦然面对人生中的各种境遇，哪怕遭遇了欺骗或者其他不友好的对待，也从不失去本心……一个人要想成为人生中真正的赢家，就要从容不迫。不可否认，人生赢家并非能轻易实现的，作为普通而又平凡且有着七情六欲的我们，依然要努力淡定，争取从容面对人生，也争取距离从容人生越来越近。当我们真的从容，曾经困扰和纠缠我们的焦虑就会消失得无影无踪。

战国时期，靠近边塞的地方总是兵荒马乱，因为出、入关的人都需要经过边塞，所以边塞的马匹生意很好做。有个老人就在边塞喂养马匹，卖给南来北往的客人。日久天长，那些从老人手里买过马或者熟悉老人的邻居们，都称呼老人为塞翁。

边塞地域辽阔，老人养了很多马。有一天，马群回到家里，塞翁突然发现少了一匹马。在当时，马可是非常贵重的财产，邻居们想到老人丢了马一定很难过，因此纷纷赶来安慰老人："算了，就是一匹马，千万不要伤心，身体健康最重要。"塞翁看着热心的邻居们，不以为然地说："没关系，只是丢了一匹马而已，也许还会有其他收获呢！"大家都觉得塞翁一定是伤心糊涂了，哪儿有丢了一匹马还不以为然的呢！因而纷纷摇头离开，让塞翁一个人承受。没过多久，塞翁丢失的马突然回来了，而且还带来了一匹胡人的骏马。这匹骏马通体赤红，一看就是不可多得的千里马。邻居们得到消息，又纷纷赶来祝贺塞翁："平白无故得到一匹千里马，您老人家可真是好福气啊！"出乎意料，塞翁的那匹马失而复得，还得到了一匹好马，却愁眉不展："天上掉馅饼，这可不是好事情，也许会有灾祸随之而来呢！"邻居们议论纷纷："这个老头真是太狡猾了，平白无故得到一匹千里马，不知道怎么高兴呢，却要装出这样一付难过的样子，蒙蔽大家。"这样想着，邻居们就离开了，不想再看到塞翁虚伪的样子。

塞翁的儿子很喜欢这匹意外得到的骏马，每到赶集的时候就骑着骏马去集市上玩。有一天，骏马突然受到惊吓狂奔不止，他也从马背上掉下去摔断了腿。听说塞翁唯一的儿子摔断了腿，成了瘸子，邻居们都不计前嫌，再次赶去安慰塞翁。不想，塞翁却说："摔断了腿命还在，也许是好事。"邻居们看不懂了觉得塞翁一定是老糊涂了，所以才会说这些颠三倒四的话。没过多久，匈奴入侵村子，村子里的青壮年都应征入伍，只有塞翁的儿子因为是残疾人，所以不用上战场。结果那些去打仗的人基本都丢了性命，唯独塞翁的儿子平安地留在家中，守着塞翁平安度日。

塞翁失马的故事一波三折，虽然邻居们时而来安慰丢失马的塞翁，时而又羡慕塞翁平白无故得到一匹骏马，最后又可怜塞翁的独生儿子变成了残疾，但是这一切都没有改变塞翁平静淡然的心。塞翁知道，福祸相依，不管是福还是祸，都不要盲目地乐观或者绝望。塞翁的从容，让他在面对生活的大喜大悲时也能保持淡然，而绝不迷失自己的本心。假如我们也能像塞翁一样平静淡然地对待生活中的各种变化，那么就能拒绝大喜大悲，也能够迎来淡然从容。

人生路上总不会一帆风顺，尤其是现代社会发展迅猛，各种意外事件频繁发生。我们如果总是因为客观外物而不停地改变心绪，那么就会越来越不淡定，也最终会迷失本心。唯有保持淡定和从容，才能更好地接纳和享受生活，也才能让一切都变得井然有序，不至于因为慌乱茫无头绪。

远离“焦虑心理摆效应”

现代社会发展迅猛，一切都日新月异，这也直接导致人们的生存压力增大，工作竞争激烈，导致人们的心情更加焦虑不安，有的时候就像孩子一样反复无常，时而欢笑，时而沮丧，时而欣喜，时而绝望。人们常说，六月的天孩子的脸，说变就变。殊不知，人的心情也和六月的天一样，时而艳阳高照，时而阴雨连绵，让人根本来不及防备。现实生活中，的确有这样一些人，他们的情绪很容易激动，也许前一刻还在哭泣，后一刻就破涕为笑。也有可能前一刻还在哈哈大笑，笑着笑着眼泪突然就出来了，使得他们身边的人束手无策，根本不知道应该如何安慰和安抚他们。其实，这样的情绪波动现象在心理学中很常见，也很普遍，很多人不但与他人相处时会出现这样的情况，就算是在独处时，也会时而阴雨、时而晴朗，把自己都搞得莫名其妙。

针对现代人情绪多变的特点，心理学家曾经进行过研究，最终发现人的情绪很容易受到外界的影响，呈现出极端的特点。诸如莫名其妙地悲伤，或者快乐。心理学研究证实，越是情绪激动的人，越容易走向情绪的极端，也更容易陷入绝望的深井，导致一切都无法控制。可想而知，失控的情绪必然导致失控的人生，唯有有把握的人生才能更加从容不迫，也更容易获得美好的一切。就像极度的热胀冷缩会带来严重的后果一样，很多时候，情绪上的急剧变化对于人的身体健康和心理健康也是极其不利的。当然，这并非要求每个人都要喜怒不形于色，毕竟生活的乐趣也恰恰在于变化，而是告诉我们不管什么时候都要适当控制自身的情绪，不要被焦虑捆绑着被动地面对生活。

一个人很难彻底摆脱“焦虑心理摆”的影响作用，唯有掌握自我调节的好方法，才能保持心情愉快，才能避免情绪陷入过大的波动之中，导致一切都变得无法控制。例如，现实生活中，为了让心理上有所寄托，我们应该努力培养自身的兴趣爱好，从而让自己在闲暇的时候有事情可做，也能够在心情郁郁寡欢的时候找到更多的乐趣。很多人都热爱艺术，每当感到焦躁不安时，就会唱歌、跳舞、画画或者进行适当的运动等，以此来排遣内心的焦虑，从而让自己变得快乐起来。当然，每个人的兴趣爱好都是不同的，只要是健康的爱好，只要能够对我们的情绪起到舒缓的作用，就都可以。诸如运动、绘画、阅读、听音乐、插花等，都是很好的排遣方式，都能帮助人们消除焦虑情绪，恢复平静理智。

近来，公司里比较忙，设计师小梦因为接连不断地加班，已经一个月没有休息了，而且有的时候晚上下班还很晚，这使她的心情糟糕极了。她觉得自己的心就像是夏日雷阵雨来临前压境的乌云一样低沉，似乎能够拧出水来，有的时候她前一刻还在和朋友煲电话粥哈哈大笑，挂断电话之后就会陷入沮丧之中，恨不得大哭一场。她已经28岁了，却还没有找到合适的男朋友，每天住在与人合租的这间朝北的小房间里，除了一张床外，几乎没有下脚的地方，她就觉得自己的人生很失败，而且让人绝望。

一天，小梦十点下班，坐着末班车，十一点半才回到租住的房子里，忍不住痛哭流涕。她哭得撕心裂肺，似乎世界末日即将到来那般不管不顾。足足哭了一个多小时，她才忍住眼泪，也才恢复平静。意识到自己的情绪濒临崩溃，小梦决定请假休息一天，好好调整一下自己。次日，她一觉睡到自然醒，觉得心里满足极了。下午，她约了闺蜜一起去逛街血拼，还一起去吃最爱的麻辣小龙虾，喝着冰镇的啤酒，这一刻小梦感到非常满足，也觉得此前的一切付出和努力都是值得的。

毫无疑问，小梦还是比较理性的，对于自己的身体和心理状况也比较关注。正因为她意识到自己的精神过于紧张，心理压力也太大，所以果断采取措施，不再让自己勉强支撑下去，导致更严重的后果。我们也应该学习小梦，在意识到自己状态不佳的时候及时采取手段，解决问题。实际上，很多情绪问题都是因为不断积累才越来越严重，如果我们能够调整好心态，及时处理情绪问题，那么一切也就不会发展到无法收拾的地步。

人的一生很难一帆风顺地度过，任何情况下，我们都要以积极的态度微笑着面对人生，才能得到人生的礼遇，也才能得到人生的馈赠。唯有调整好情绪，避免“焦虑心理摆”效应，我们才能远离焦虑。所谓的焦虑，真的就像钟摆一样一刻也不停地摆来摆去，唯有拥有强大的内心，我们才能得到人生中更多的惊喜和礼遇。从现在开始，既然哭着也是一天，笑着也是一天，就让我们欢笑着度过生命中的每一天吧！

心理咨询师，距离我们的生活其实很近

一直以来，在人流密集的地方，总是有理发店，也有诊所负责给人看病。人吃五谷杂粮，没有不生病的，一个人就算身体再怎么强壮，也总要遇到各种各样的身体问题，所以诊所是人们不可或缺的。然而，人们习惯了看身体上的病，却忽略了心理上的病。曾经，心理上的病从来不为人们所重视，总觉得心情不好就忍一忍，很快就会过去了。随着时代的发展和社会的进步，人们在物质生活极大丰富的同时，也必然面临更多的心理问题，甚至会因为心理问题陷入困境。在很多西方国家里，心理医生是非常受人尊重的职业，因为大家都意识到心理比生理更容易出现问题，而且心理问题比生理问题更严重。所以有些家庭不但有自己的家庭医生，也有专门的心理医生。尤其是对于承受巨大生活压力和工作强度大的人而言，他们更是会定期去和心理医生聊一聊，从而疏导自己的情绪，让自己变得快乐起来。

在中国，人们显然还没有习惯看心理医生，如果不是有严重的心理问题，人们也很少有意识去向心理医生求助。然而，近来年自杀率节节攀升，各种社会地位的人都有可能因为心理问题导致轻生，甚至包括学生在内，这才使人们更加关注心理问题和精神疾病。实际上，心理咨询师应该是我们生活中不可或缺的人物，他们就像医生给我们医治身体上的疾病一样，尽心尽力为我们医治精神上的疾病，从而使我们的精神更加健康，也让我们情绪找到合理的宣泄渠道，保持舒畅。

近来，瑞特被作为中国区的总裁，派驻中国区工作。因为初来乍到，瑞特在工作上急于打开局面，当然中国的情况和美国有很大不同，所以他需要做的工作多而繁琐，很劳累。接连几个月没有休息，瑞特虽然在工作上取得了很大的进展，也对中国有了更多的了解，但是他的情绪却变得很不稳定，经常歇斯底里。有的时候，哪怕下属们工作努力，瑞特也会挑剔苛责，

时不时地就会批评下属。一旦工作上取得了小小的成就，他又欢呼雀跃，变得和孩子一样敏感而又脆弱。看起来，瑞特根本不像一个总裁，就像是初入职场、毫无工作经验的新人一样。渐渐地，下属们看到喜怒无常、丝毫不懂得控制自身情绪的瑞特，全都避之不及，这导致瑞特在工作上又面临很大的障碍。

日久天长，瑞特的工作方式招致下属们的不满，有些下属甚至写信给总部，投诉瑞特的工作方式让人难以接受。总部马上把这些信转给瑞特，让瑞特尽快调整工作模式，否则就会面临工作上的再次调整。其实，此时瑞特也意识到自己的反复无常，已经开始看心理医生了。当然，因为中国的心理医生并不非常了解美国人的性格特点等情况，瑞特觉得改变太慢，因而不惜远渡重洋，回到美国去找自己曾经定期看的心理医生。同事们对此都觉得好笑，毕竟大家都不认为心理问题是多么严重的问题，至于情绪问题，只要有意识地控制就好，所以他们不理解为何瑞特要千里迢迢回国看医生呢！后来，瑞特在美国待了一个星期才调整好自己回到中国。让下属们都很意外的是，瑞特居然如同变了一个人，再也不盯着大家加班，而且情绪上也很平稳，能够非常好地控制自己。最让大家惊讶的是，瑞特还从美国带回来一个心理医生，在公司内部成立了心理诊室。起初，大家都不好意思直接去看心理医生，在和心理医生交流过之后，他们觉得心情舒畅，这才渐渐习惯于有事没事都找心理医生聊一聊。随着心理诊室成为全公司最忙碌的地方，也是大家最愿意去的地方，整个公司同事之间、上下级之间的关系都好多了，而且工作效率也得到了提升。

不管是在生活中面对那些琐事，还是在工作中不得不承担起艰巨的任务，每个人都难以避免会产生巨大的心理压力，也都需要心理医生的帮助才能更好地面对工作，处理好工作。现代社会，很多公司都意识到心理问题的严重性，因而都自发成立心理诊室，为员工们的心理健康保驾护航。

看起来成立心理诊室给公司增加了经济上的负担，实际上当绝大多数员工每天都能心情愉悦地工作，所获得的回报一定远远超过建立心理诊室的付出。

你的生活中曾经有过心理咨询师的出现吗？如果没有，那么恭喜你，因为也许你迄今为止没有出现过心理问题。如果有，那么赶快行动起来吧，看心理咨询师如今已经不是不可理解的事情，而成为一种潮流，让人们对于心理问题的关注更加密切，对于心理健康也越来越重视，这意味着你的生命质量得到大大提高，未来你也必然因为与心理咨询师的频繁接触而变得更快乐。

适当发泄，帮助焦虑情绪找到去处

现实生活中，因为传统观念的影响，很多人都会轻视心理问题，觉得看心理咨询师是根本没有必要的，也不认为心理问题会影响到生活的方方面面，甚至威胁人们的生命。殊不知，很多让人悲伤的突发事件告诉我们，心理问题已经成为比生理问题更严重的问题，总是影响人们的生活，让人们远离快乐，被焦虑与烦恼缠绕，而且有的时候还会危及人们的生命。记得前几年，经常有刚生完孩子的产妇，抱着几个月的孩子跳楼的，今年年初，也有个石家庄的30岁左右的母亲，因为极度抑郁，把3岁的孩子从十几层楼上抛下，然后自己也跳了下去。即便是陌生人听到这样的新闻，也总是觉得揪心地痛，有些人指责这个母亲剥夺孩子幼小的生命太残忍，唯有真正当母亲的人知道，该是有多么的绝望，一个母亲才忍心亲手剥夺孩子的生命，眼睁睁地看着最爱的孩子坠落高楼，死在自己的面前。对于这条新闻，当时社会上就引起轩然大波，有人指责这位母亲太过心狠手辣，有人为这位母亲辩解，说她必然遭受了心中极致的绝望和悲痛。然而，无论如何事情已经发生，看着躺在地上的4岁女孩的小小身躯，女孩仰面朝上，头部下面全都是血，这无疑是使人感到心碎的。如果家里的人能够早一些发现女人的反常，意识到女人的情绪和心理出现了严重的问题，那么也不至于让事情发展到这种无法挽回的地步。所以说，心理问题无小事，不管是对于自己还是他人，我们除了要关注身体健康外，更要关注心理健康，这样在遇到问题的时候才能及时解决，而不至于让问题堆积起来，变得无法收场。

很多人都知道大禹治水的故事，大禹治水的基本原则就是宜疏不宜堵，包括四川的都江堰工程，更是千古奇观，而李冰当时建造都江堰，也是为了使水分流，而并未盲目采取堵截的方式。人的情绪正如滔滔江水，虽然奔腾不息，但是要正确疏导，引导合理的走向，才能起到最好的治理效果。任何时候，有了不良的情绪都不能淤积于心，而要积极地疏导，通过合适的方式发泄出来，才能起到最好的效果。诸如，对于心直口快的人，有不高兴的事情可以直截了当说出来，也许随着倾诉，不良情绪就会减弱，不会对我们的身体健康造成恶劣的影响。而对于内向的人，不良情绪的危害性是最强的，因为他们不懂得倾诉，而且喜欢把什么事情都埋在心里。心理的自净能力是有限的，任何情况下，唯有积极地面对人生，才能如愿以偿获得幸福快乐。对于内向的人，可以写日记以诉说心中的苦闷，也可以把事情告诉自己最信任的人，还可以做一些自己喜欢做的事情，疏导情绪，驱散焦虑，总而言之，只要是自己喜欢的方式，都是可取的。

比如，如果每个人都是一个健康红润的苹果，那么在氧化作用下时间久了，苹果未免会出现腐烂的斑点。这时，如果不管不顾，这个斑点一定会继续腐烂下去，导致整个苹果都一命呜呼。而如果能够在斑点刚刚出现的时候就发现，从而把斑点用刀处理干净，那么剩下来的好苹果，也许能够放置更长的时间。如今人们治疗癌症就是采取这样的措施，即把癌症的原发位置切除掉，然后以化疗的手段清除残留的癌细胞，这样一来就能有效延长人的生命，甚至彻底治愈癌症。不得不说，现代医疗手段的发展，的确提高了人们的生存质量，也延长了人们的寿命。对待焦虑，我们同样要如此。一个郁郁寡欢的人很容易对生活中的一切事情都提不起兴致来，唯有理智面对生活，从容驱散焦虑，才能让我们的人生更加轻松自如，也让我们的一切变得更从容果断。

一天深夜，林华突然打电话给久已不联系的闺蜜张亚，说："张亚，赶紧起床，簋街吃麻小去。"张亚深知林华不是一个冲动的人，更不是喜欢夜生活的人，因而意识到林华肯定有了什么为难的事情或者心情不好，当即二话不说，叫醒老公就起床去了簋街。到了平日里经常光顾的那家麻小店，张亚一下子就看到了林华。她走过去坐在林华身边，两个人开始大吃大喝起来，而在张亚的安排下，她老公坐在附近的桌子上也点了些简单的食物开始小酌。原来，张亚把老公叫来，就是为了防备她和林华一醉方休没人照顾的。而为了让闺蜜不至于因为男人在场就无法痛快地倾诉，张亚还细心地提前安排老公坐到附近的桌子上，准备随叫随到。

果然，酒过三巡，林华喝得舌头都大了，开始和张亚说些"不着调"的话。原来，林华怀孕了，但是她老公在外面有了第三者，而且还和她提出离婚。这给原本爱情至上的林华以沉重致命的打击，她甚至想到了死，带着腹内尚未成型的胎儿死去，给老公一个血的教训，让他一辈子都活在懊悔和内疚中。听到闺蜜这么可怕的想法，张亚虽然也有些喝多了，但是马上被吓得一身冷汗，酒都醒了。她劝说林华："你可别这么做，不然我鄙视你一辈子。这可不是我认识的林华，你的骄傲呢？还记得你结婚之前有多少男同学对你念念不忘吗，他们之中可至今有人没娶媳妇呢！你呀，就好好活着，活得更好，才能让他后悔莫及。至于孩子的去留全在你，不管你做出怎样的决定，我都支持你。你要是生了，我就是孩子的干妈，我老公就是孩子的干爸，你放心，别人有的，咱家孩子保证一样也不缺。你要是不生，我就陪你去医院，咱们把身体养得好好的，再迎接新的人生。”张亚的话让林华突然间痛哭起来，她没有顾忌周围有多少人向她投来异样的眼光，她只想把一切委屈都哭出来。张亚紧紧握着林华的手，直到林华哭够了，她们又开始喝起来，林华居然开始有说有笑了。后来，当她们俩都喝得醉醺醺的，英雄救美上演了，张亚的老公把她们安全带回家里，给她们端茶送水。第二天，她们都睡到天色大亮才醒来，但是心情好了很多，尤其林华，再也不感到迷惘和无措了。

毫无疑问，张亚是林华的好闺蜜，所以林华才会在最难受的夜深人静之际，给张亚打电话。对于林华而言，和闺蜜一醉方休，然后痛哭一场，这就是最好的宣泄方式，能够让她倒出心中所有的苦水，然后从容地面对人生。张亚也不负林华所托，把一切都安排得很好，让林华毫无后顾地大醉一场。其实，人人都需要朋友，在心情郁闷的时候，在感觉前路迷茫的时候，能够和朋友好好地喝一场，对于大多数人而言的确是很好的解脱，也是极佳的发泄方式。

在这个世界上，每个人的脾气秉性都各不相同，因而每个人发泄焦虑的方式也各具特色。不管选择怎样的方式发泄情绪，只要是无公害的，只要能够把淤积于心的焦虑发泄出去，我们就可以放心大胆地去做，从而帮助自己获得内心的平静和解脱。需要注意的是，有些人对于酒精的依赖程度很高，经常喝醉酒，甚至到了酗酒的程度，那么就要根据自身的情况远离酒精，不要随意喝酒，而应该采取其他方式发泄焦虑。这样才能不给身边的亲人朋友造成麻烦。记住，任何时候，我们尽管可以发泄焦虑，但不能自暴自弃，放纵自己。一个人唯有自尊自爱，才能得到他人的尊重和爱，也才能以理智清醒的态度把握人生。

情绪波动患者，一定要学会控制

现代社会，随着生活水平的提高，很多家庭都有了私家车，这也直接导致大城市里的交通路况越来越差，交通拥堵几乎已经成为常态。在这种情况下，人们因为着急和焦虑，必然导致心浮气躁，也使得路怒症患者越来越多，交通事故频发。当然，在拥堵的情况下，即使交通事故都是小的剐蹭，不会给人带来生命危险，但是也会导致交通状况更差，还会使当事人的心情更加糟糕。每一个人在考取驾照的时候，都会听到交警老师再三强调一句话：宁停三分，不抢一秒。在很多车流量大的十字路口，我们也经常看到这句话，意思就是告诫每一个司机要珍惜生命，千万不要为了所谓的赶时间，就无视交通规则，也伤害他人的性命。

生命看似很顽强，有的时候正应了那句话“生如蝼蚁”，其实生命也是很脆弱的。人们常常因为一秒钟的冒失抢进，就会导致生命戛然而止，一切都追悔莫及。其实，不仅道路上要遵守交通规则，在对待情绪的时候，我们也要讲究冷静和理智。现实生活中，很多朋友都是冲动型的，他们无法静下心来冷静处理任何事情，因而在面对小小的意外和变故时，他们第一时间就会冲动起来，变得歇斯底里。不得不说，冲动是魔鬼，原本可控的事情在冲动之下，会导致事态无限扩大，甚至不可收拾。所以每个人尤其是在感到莫名其妙焦虑的情况下，都要有意识地控制自身的情绪，千万不要因为一时的冲动，做出追悔莫及的事情。焦虑如同脱缰的野马，我们唯一的原则就是控制和疏导，而不要任由这匹野马肆无忌惮。

有些朋友一旦感受到焦虑，就会心浮气躁，心烦意乱。任何烦躁对于焦虑情绪的影响都绝无好处，唯有从心底里接纳焦虑，让焦虑成为正常的情绪，也得到理智的对待，一切才能变得更从容，不至于让我们手忙脚乱。每当焦虑过度时，我们的生活就会受到影响，因而当焦虑的潮水来袭时，一定要镇定下来，让烦躁不安的心变得平静，保持理智。

近来，周陶失业了，一下子失去了经济来源，而恰逢此时她又被检查出患有卵巢囊肿，因而必须立即接受手术。这个消息让周陶措手不及，毕竟手术需要很多钱，她根本无力支撑。思来想去，她只好给远在家乡的父母打电话，却没想到母亲前几天刚刚摔断了腿，正打着石膏躺在床上，是因为害怕她担心才没有告诉她。这个坏消息就像最后一根稻草一样，一下子压垮了周陶，她忍不住嚎啕大哭起来。幸好，周陶的老公张明还是比较冷静的，他赶紧安慰周陶："卵巢囊肿基本上都是良性的，你这只是要受皮肉之苦，没有性命之忧，已经是不幸中的万幸。正好我对于工作也不太满意，早就想换工作了，咱们也还有些积蓄。不如我也辞职，这样可以有一个月的时间照顾你，等到你身体恢复了，我再去找工作也不迟。咱们的积蓄除了手术，还是可以支撑半年的生活，所以你也不用担心。"看着老公坚定不移的眼神，周陶渐渐恢复平静，老公继续说："一切事情都有解决的办法，只要你和我都好好地在一起，什么困难咱们也不怕。下次要记住了，医生说你的卵巢囊肿就是因为心情郁结导致的，下次再也不要这样崩溃了。凡事都有我呢，你只要好好的就好。"

原来，从中医的角度而言，女性很容易受到情绪的影响，这也是现代社会很多女性都有妇科疾病的原因，与现代女性不但要工作，还要兼顾家庭，承受着巨大压力是密不可分的。所以女性朋友们，要想有健康的身体，一定不要动辄冲动，而要保持情绪舒缓，这样才能保持身体健康，心情愉悦，百病全消。

每个人在人生之中，都难免要被焦虑困扰。现代社会发展越来越快，导致每个人承受的压力也越来越大，所以我们唯有端正态度面对人生，才不至于被负面情绪打倒。如今，很多人身患癌症，但是有些人的癌症却不治而愈，还有些人能与癌细胞共存，度过圆满的人生，这些人都是乐观开朗的人，他们都能承受生命中的坎坷和挫折，而从不被命运和焦虑打倒。记得有位名人说，既然哭着也是一天，笑着也是一天，为何不笑着度过人生的每一天呢？这句话非常有道理。人生短暂，作为人生的主宰，我们不能被情绪控制和奴役，而是要成为情绪的主宰，驱散焦虑与不安，从而全心全意地享受生活，度过美好的一生。

像整理衣柜一样整理情绪

很多女性朋友都认为，自己的衣橱里，永远都缺少一件衣服。正因为如此，女人的衣柜总是因为不停地买、买、买而塞得满满当当的，而有些女人并不喜欢收拾衣柜，每次打开衣柜的时候都看到乱糟糟的衣柜，而且想穿的衣服根本找不到，在这种情况下，心情自然也变得很糟糕。这就决定了女人要定期整理衣柜，扔掉那些不再穿的衣服，也把衣柜整理得井井有条，一眼看去就能找到需要的衣服，这样的感觉当然非常美妙。

其实，不仅衣柜需要整理，女人的情绪也是需要整理的。女人是情绪化动物，更容易因为各种各样的原因受到情绪的影响，导致自身焦虑不安，甚至歇斯底里。面对一团乱麻的情绪，如果不会整理，女人必然更加烦躁，甚至严重影响自身的生活和工作。唯有理性的女人，才知道要定期整理情绪，也会在自身情绪大爆发的时候，积极地如同整理衣柜一样整理情绪，把那些不值得担忧的事情彻底抛诸脑后，而把自己可以面对的事情果断地处理好，把最急需解决的问题排在前面，把不着急解决的问题留到最后，这样一来，情绪当然会变得秩序井然，不再成为生活的沉重负累和心理上的重重障碍。

也许有些朋友会问，难道只有女人需要整理情绪，男人就不需要吗？当然，男人也需要整理情绪。不过，男人的情绪天生不像女人那么千头万绪，男人也不会和女人一样分不清轻重主次，所以男人的情绪问题显得更有条理一些，也没有那么糟糕。心理学家曾经指出，女人有生理周期，男人其实是有心理周期的。细心的女性会发现，男人每隔一段时间就会需要沉默小小的一段时间，在这个时期里，男人不希望被打扰，而愿意一个人独处，一个人静静地待着。这实际上就是男人正在经历情绪周期的表现，这种情况下，女人千万不要随意打扰男人，而要给予男人时间整理好自己的情绪衣柜，让一切变得更加有条理，也更容易面对。

近来，艾琳的生活简直一团糟。原本，艾琳是个追求精致小资生活的女人，恨不得把一切都打理得井井有条、从容优雅。她甚至不允许自己的生活有一点点瑕疵，更不愿意自己的生活毫无情趣。然而，她最近家里和工作中都遇到很多事情，使她分身乏术，根本无暇顾及自己，更没有闲情逸致讲究情趣了。这样的生活使艾琳觉得糟糕透顶，她甚至要崩溃了。

原来，艾琳突然接到单位的一个项目，由她作为主要的负责人。这个项目之后，她也许就能升职加薪，在职业发展上更上一层楼。恰逢此时，艾琳的妈妈不小心摔断了腿，要打上石膏在床上躺好几个月，而她爸爸突发心梗，需要放好几个支架，才能度过危机。对于这样的现状，艾琳简直分身乏术，一直在抱怨当年爸爸妈妈为何不给她多生几个兄弟姐妹呢，否则这种情况下几个兄弟姐妹轮番上阵，也不至于让艾琳这么为难了。艾琳原本想放弃工作上的机会，但是又担心以后会晋升无望，因而只好给妈妈雇了保姆，给爸爸在医院雇了护工，自己则每天在下班之后奔到家里看看妈妈，再去医院照看爸爸，还要回到自己家里照顾老公和孩子的生活。几天下来，艾琳就要崩溃了，觉得自己根本不可能这样熬过漫长的几个月。思来想去，艾琳求助于公司里的心理医生，诉说了之中的苦恼。在心理医生的建议下，她列了一张单子，上面写着自己认为人生中最重要的东西，然后一样一样地划掉，从而让自己意识到哪些是不可舍弃的。艾琳的单子上最终剩下的三样，就是亲情、爱情和工作。到了这三样，艾琳无论如何也不想再放弃。后来，她想出了一个好主意。她把远在老家的小姨接过来，小姨已经退休了，可以帮助艾琳照顾妈妈。而小姨原本是在家里帮儿媳妇带孩子的，艾琳也愿意每个月出一些钱给小姨家的儿子贴补家用，这样小姨的儿媳妇完全没有意见，还很高兴呢！

多了个帮手，艾琳就轻松多了，虽然她每个月的收入都给了保姆、护工和小姨的儿子，但是她知道一切都是暂时的，早晚她能够熬过最艰难的这几个月。没过几天，艾琳的爸爸出院了，小姨一个人给姐姐、姐夫买菜做饭，倒也过得有趣。在老公的支持下，艾琳顺利完成项目，获得升职加薪，职业生涯更上一层楼。

对于如同一团乱麻的生活，如果艾琳没有调整好情绪，而是任由情绪继续堆积，那么一定会更加糟糕。幸好她及时求助心理医生，所以获得了最好的解决方案，宁愿把所有薪水都给老人用，也要照顾好老人的生活起居，同时兼顾自己的工作，最终圆满度过了这段艰难的人生岁月。人到中年，上有老下有小是必然的。如何在兼顾工作的情况下照顾好每一个老人，也照顾好爱人和孩子，是每一位职场女性都需要思考的问题。艾琳把生活和工作平衡得很好，也最终取得了圆满的结果。

一个人在人生中是否是赢家，并非单纯看他拥有了多少，也要看他留住了多少。很多有钱人每天都忙着赚钱，不但没有时间陪伴老人，更没有时间陪伴孩子，最终穷得只剩下钱，不能算是人生的赢家。唯有兼顾人生的方方面面，在人生之中拥有更多的亲情、友情和爱情，同时竭尽所能提高生活质量，才是真正的人生赢家。要想让情绪的衣柜始终保持整洁和清爽，就要学会及时整理情绪的衣柜，绝不让情绪问题肆意堆积。记住，你的幸福快乐只来源于你的内心，而不取决于客观外界。从现在开始，就让我们成为命运的主宰，也成为人生的赢家吧！

参考文献

[1]马永霞.你为什么总是焦虑不安[M].北京：中国纺织出版社，2017.

[2]汤沐.你受的苦，总有一天会照亮你未来的路[M].天津：天津人民出版社，2017.

[3]陈东城.焦虑心理学[M].北京：中央编译出版社,2017.